RÉPUBLIQUE FRANÇAISE

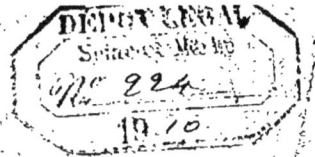

MINISTÈRE DE L'INTÉRIEUR

DIRECTION DE L'ASSISTANCE ET DE L'HYGIÈNE PUBLIQUES

(5ᵉ Bureau)

POLICE SANITAIRE MARITIME

LOIS, DÉCRETS, CIRCULAIRES ET INSTRUCTIONS

9ᵉ fascicule.

1907-1908

DOCUMENTS-EXTRAITS du RECUEIL DES ACTES OFFICIELS ET DOCUMENTS INTÉRESSANT L'HYGIÈNE PUBLIQUE (tomes XXXVII et XXXVIII).

MELUN

IMPRIMERIE ADMINISTRATIVE

1910

SOMMAIRE

DÉRATISATION A BORD DES NAVIRES

(Dispenses accordées)

CIRCULAIRE du président du Conseil, ministre de l'intérieur (direction de l'assistance et de l'hygiène publiques, 5ᵉ bureau), du 26 novembre 1907, aux directeurs des circonscriptions sanitaires maritimes.

Lorsqu'un navire est dispensé de la dératisation par application de l'article 2 du décret du 4 mai 1906 (1), modifié par celui du 6 août suivant (2), il serait utile de mentionner soit sur la patente de santé, soit au moyen d'un certificat distinct, les conditions dans lesquelles cette dispense a été accordée.

Il appartient en tout cas aux capitaines de produire à cet égard les justifications nécessaires et aux autorités sanitaires d'appliquer intégralement, sous réserve de la validité de ces justifications, les mesures prescrites par les décrets susvisés de 1906.

J'appelle, Monsieur le directeur, votre attention sur ces prescriptions en vous invitant à prendre les dispositions nécessaires pour en assurer l'application.

Pour le ministre:

Le directeur de l'assistance et de l'hygiène publiques,

L. MIRMAN.

CONDITIONS QUE DOIT RÉALISER LA DÉRATISATION ET INSTRUCTIONS QUI DOIVENT EN RÉGLER L'APPLICATION

CIRCULAIRE du ministre de l'intérieur (direction de l'assistance et de l'hygiène publiques, 5ᵉ bureau), du 12 février 1908, aux directeurs du service sanitaire maritime en résidence à Dunkerque, Le Havre, Saint-Nazaire, Pauillac et Marseille.

Le Conseil supérieur d'hygiène publique de France a approuvé, dans sa séance du 3 février (3), les conclusions d'un rapport qui

---

(1) Fascicule 8 p. 3.
(2) Fascicule 8 p. 8.
(3) Tome XXXVIII du *Recueil*.

lui a été présenté par MM. Chantemesse et Bonjean sur les conditions et les garanties que devait remplir la dératisation des navires tant au point de vue général de l'opération que dans le détail d'application spécial à chacun des appareils admis jusqu'à ce jour.

Il vous appartiendra, Monsieur le directeur, après avoir pris connaissance des indications techniques que contient ce rapport, d'en extraire, suivant les appareils utilisés dans votre circonscription et l'adaptation qu'ils comporteraient, des instructions pratiques destinées à guider d'une façon précise et uniforme les médecins, officiers et gardes de la Santé qui sont chargés des mesures de dératisation. Il est important que ces instructions entrent en vigueur le plus promptement possible. Vous voudrez bien, dès qu'elles auront été établies, m'en adresser le texte en double exemplaire.

Pour le ministre :

Le directeur de l'assistance et de l'hygiène publiques,

L. MIRMAN.

DÉRATISATION DANS LES PORTS ; SURVEILLANCE PRÉVENTIVE
DES RONGEURS

I. — Circulaire du président du Conseil, ministre de l'intérieur (direction de l'assistance et de l'hygiène publiques, 5ᵉ bureau), du 30 novembre 1907, aux préfets du littoral maritime.

La peste a gagné les bords de la Méditerranée ; plusieurs ports sont atteints ; le service sanitaire maritime s'efforce de défendre la métropole contre cette invasion, il réduit dans une très large mesure les chances de contamination ; mais quelle que soit son activité, il ne saurait les abolir.

Il est acquis aujourd'hui que l'agent, sinon unique au moins essentiel, de la propagation de la peste est le rat.

La presque totalité des cas humains ne se produisent qu'à la suite d'une épidémie pesteuse de rats. Or, ces épidémies sont généralement ignorées, les cas humains seuls sont connus ; quand ceux-ci sont divulgués il est trop tard, les rats pesteux ont pu depuis longtemps être dispersés par le commerce maritime et aller porter le mal dans d'autres villes sans méfiance. Dans la ville ainsi contaminée les rats d'abord seront atteints, le mal couvera un temps plus ou moins long, puis, quelque jour, fera des victimes humaines, qui eussent été épargnées si des mesures préventives avaient été prises.

La situation sanitaire au point de vue pesteux nous impose donc dès aujourd'hui une particulière vigilance. Je vous invite à rechercher avec le directeur de la santé de votre circonscription sanitaire maritime, les ports de votre département qui ont pu, directement ou indirectement, se trouver en rapport avec les diverses régions du monde contaminées ou suspectes. Cette liste de villes étant dressée, vous insisterez de la façon la plus pressante auprès de la municipalité de chacune d'elles pour la prompte exécution des mesures suivantes :

1° Rechercher avec soin, en s'entourant de témoignages divers, si le nombre des rats a paru en ces derniers temps diminuer de façon notable bien qu'aucune mesure spéciale n'ait été prise, observation qui devra faire soupçonner une épidémie sur les rats et constituera un grave avertissement ;

2° Faire en divers points de la ville, spécialement dans le quartier du port (égouts, hangars, docks, remises de chiffons, etc...) des prélèvements de rats, dont un pourcentage suffisant — une trentaine au moins — sera soumis à une analyse bactériologique dans le laboratoire le plus voisin apte, en raison de l'outillage et de la compétence scientifique du personnel, à révéler sur ces rongeurs la présence du bacille spécifique de la peste ;

3° Renouveler ces prélèvements et analyses de façon régulière chaque semaine pendant une période que les circonstances extérieures ne permettront qu'ultérieurement de déterminer ;

4° Entreprendre méthodiquement la destruction des rats sur ces mêmes points, même si aucune épidémie pesteuse n'est constatée, et renouveler cette opération dès que les rongeurs réapparaissent ;

5° M'adresser très régulièrement aussi les procès-verbaux de ces analyses et tous les renseignements utiles sur ce sujet.

En s'entourant de ces précautions, on pourra connaître le mal là où il existe et le combattre avant qu'il ait pu produire sur la population ses funestes ravages. Ces mesures préventives sont indispensables à un double titre, tant pour la protection de la santé publique que pour la protection des intérêts économiques du port.

Je vous prie de m'accuser réception de la présente circulaire et de me faire connaître avec le plus grand soin la suite que vous aurez donnée aux instructions qui y sont formulées.

Le ministre de l'intérieur,

CLEMENCEAU.

P. S. — Le directeur de la santé devra s'entendre avec les municipalités intéressées au sujet des conditions matérielles dans lesquelles il conviendra d'effectuer le transport des rats au laboratoire en se mettant à l'abri de tout danger de contamination.

II. — Circulaire du président du Conseil, ministre de l'intérieur (direction de l'asistance et de l'hygiène publiques, 5ᵉ bureau), du 6 décembre 1907, aux directeurs des circonscriptions sanitaires maritimes.

Je vous adresse ci-joint, à titre d'information, un exemplaire de la circulaire du 30 novembre par laquelle j'invite MM. les préfets des départements du littoral à rechercher, de concert avec les directeurs des circonscriptions sanitaires maritimes, les ports qui, par leurs relations avec les divers pays contaminés de peste, justifieraient une surveillance spéciale et méthodique des rongeurs et à provoquer l'organisation de cette surveillance par les municipalités.

Vous voudrez bien, en ce qui vous concerne, donner à MM. les maires des villes ainsi désignées toutes les indications et tout le concours qui pourraient leur être utile, au point de vue notamment des précautions à prendre pour le prélèvement et le transport des animaux aux laboratoires qui seraient chargés de l'examen.

Pour le ministre:

Le directeur de l'assistance et de l'hygiène publiques,

L. MIRMAN.

PROPHYLAXIE DES MALADIES ÉPIDÉMIQUES OU TRANSMISSIBLES DANS LES PORTS DE FRANCE ET D'ALGÉRIE

I. — Rapport adressé à Monsieur le Président de la République par le président du Conseil, ministre de l'intérieur (1).

Monsieur le Président,

L'article premier de la loi du 3 mars 1822 sur la police sanitaire conférait au Roi le pouvoir de déterminer par des ordonnances, et confère aujourd'hui au Président de la République le pouvoir de déterminer par décrets « les mesures à observer sur les côtes, dans les ports et rades, etc... ».

Le décret, qu'en vertu de cette disposition très générale j'ai l'honneur de soumettre à votre signature, a pour objet de combler une lacune fâcheuse qui existe entre la loi du 3 mars 1822 et la loi du 15 février 1902 sur la santé publique, et de préciser les droits et les devoirs de l'autorité sanitaire maritime lorsque, sur un navire arrivant au port ou y ayant déjà été admis, survient un cas d'une des maladies transmissibles visées par l'article 4 de la loi de 1902.

A la vérité, le règlement sanitaire de 1896 (à la refonte générale duquel mon administration travaille en vue de le mettre en harmonie avec les décisions prises par la dernière conférence internationale) n'a point négligé les maladies autres que les maladies pestilentielles, bien que ces dernières soient l'objet essentiel de ses prescriptions ; c'est ainsi que les articles 2, 54 et 69, entre autres, arment nettement l'autorité sanitaire pour les cas autres que la peste, le choléra ou la fièvre jaune.

L'article 2 dit en effet :

Des mesures de précaution peuvent toujours être prises contre un navire dont les conditions hygiéniques sont jugées dangereuses par l'autorité sanitaire.

---

(1) Rapport inséré, ainsi que le décret qui suit, au numéro du *Journal officiel* du 17 avril 1907.

L'article 54 dispose que :

Les navires dispensés de produire une patente de santé ou munis d'une patente de santé nette sont admis immédiatement à la libre pratique après la reconnaissance ou l'arraisonnement sauf dans les cas mentionnés ci-après :

a) lorsque le navire a eu à bord, pendant la traversée, des accidents certains ou suspects de choléra, de fièvre jaune ou de peste ou d'une maladie grave, transmissible et importable ;

c) lorsqu'il présente à l'arrivée des conditions hygiéniques dangereuses...

L'article 69 enfin formule les prescriptions générales suivantes :

Outre les diverses mesures spécifiées dans les articles qui précèdent, l'autorité sanitaire d'un port a le devoir, en présence d'un danger imminent et en dehors de toute prévision, de prescrire provisoirement telles mesures qu'elle juge indispensables pour garantir la santé publique, sauf à en référer dans le plus bref délai soit au ministre de l'intérieur, soit au gouverneur général de l'Algérie.

Toutes ces prescriptions, vivifiées par l'initiative vigilante des directeurs de la santé, suffiraient sans doute à garantir les ports de France contre toute éventualité dans les limites mêmes du domaine actuel de la science. Des incidents récents ont prouvé néanmoins qu'il était utile de fixer quelques précisions lorsqu'un navire se présentait, ayant à bord un cas de maladie transmissible non pestilentielle.

Comment les choses se passent-elles ? Tout navire qui arrive dans un port de France ou d'Algérie doit, avant toute communication, être reconnu par l'autorité sanitaire. En fait, lorsque le navire provient d'un port exempt de suspicion, la reconnaissance proprement dite ou même l'examen plus approfondi qu'on nomme arraisonnement sont faits par des agents sanitaires non médecins. Dès qu'il y a lieu de penser que se trouve à bord du navire un malade atteint d'une maladie suspecte — et toute maladie fébrile est telle — l'arraisonnement du navire doit être complété par une visite médicale. C'est ce que, pour faire disparaître toute incertitude et pour prescrire ce devoir de l'autorité sanitaire avec une force plus décisive, rappelle le premier article du présent décret. Le médecin du service sanitaire maritime montera donc à bord du navire : il fera le diagnostic de la maladie; il lui appartiendra d'apprécier si cette maladie est ou non l'une de celles que prévoit l'article 4 de la loi du 15 février 1902 relative à la protection de la santé publique (nous n'avons pas besoin de nous occuper des maladies pestilentielles pour lesquelles nos règlements ont édicté tout un ensemble de mesures spéciales et détaillées ; il s'agit ici des autres maladies transmissibles, énumérées par les décrets rendus en vertu de la loi de 1902, et au premier rang desquelles se placent la fièvre typhoïde, le typhus exanthématique, la variole, la scarlatine, etc...).

Lorsque le médecin du service sanitaire constatera à bord l'une de ces maladies il aura un double devoir, et les mesures à prendre s'inspireront d'une double considération ; il devra assurer sous sa responsabilité, tant à l'égard du navire que des personnes arrivées sur celui-ci dans le port, l'exécution des diverses mesures prévues par les règlements du service sanitaire maritime ; il devra aussi inviter la municipalité à assurer, avec le concours de l'armement, le transport des malades au lieu d'isolement et cet isolement lui-même ; il devra provoquer de la part tant des services municipaux que des services départementaux, et chacun en ce qui le concerne, l'application des mesures prescrites tant par la loi de 1902 que par les règlements sanitaires locaux pris en vertu de la dite loi ; et il est à peine besoin de rappeler que, dans les cas d'urgence et si la municipalité n'est point à la hauteur de sa tâche, le préfet est, par l'article 3 de la loi de 1902, investi du pouvoir d'ordonner l'exécution des dites mesures. Ainsi se trouveront soudées, comme il convient, la loi de 1822 et la loi de 1902 ; ainsi sera comblée telle fissure existant naguère entre ces deux lois organiques et par où peut passer, sans être immédiatement reconnue et circonscrite, une fièvre typhoïde ou une variole importée par le navire arrivant au port.

Nous n'avons pas seulement en vue les navires à l'arrivée ; l'article 3 du présent décret vise les navires pendant toute la durée de leur séjour dans le port, même ceux arrivés naguère et ayant obtenu déjà la libre pratique. A la vérité nul n'a jamais soutenu nettement que, durant cette période, ils fussent soustraits à la surveillance des services sanitaires maritimes ; une précision m'a semblé néanmoins nécessaire afin de dissiper toute équivoque et de faire connaître à chacun ses responsabilités éventuelles.

Ces dispositions, Monsieur le Président, fortifieront les garanties actuelles ; grâce à la surveillance vigilante exercée dans tous nos grands ports par un personnel dont la compétence s'est notablement accrue en ces dernières années et est aujourd'hui hautement reconnue, notamment par les directeurs de la santé qui de plus en plus consacrent à leurs délicates fonctions la totalité de leur activité et de leur labeur, nos ports se trouveront mieux garantis peut-être contre l'importation de maladies transmissibles par voie maritime qu'ils ne le sont contre la même importation par voie terrestre. Mais il ne faut pas perdre de vue que leur défense sanitaire ne sera complète que sous deux autres conditions. D'un côté il est nécessaire que, dans chacun de ces ports dont presque tous sont de grandes villes, l'hôpital soit dirigé par un personnel compétent et qu'il soit en mesure d'assurer, dans les conditions exigées par la science actuelle, les mesures de transport et d'isolement, et c'est à quoi je veillerai. D'autre part il est indispensable aussi que dans ces ports soient constitués, conformément à la loi de 1902, des bureaux d'hygiène sérieusement organisés : il est manifeste en effet que l'utilité de tels bureaux est plus grande encore pour eux que pour toute autre ville de même importance numérique ; j'espère qu'à cet égard toutes les municipalités intéressées se soumettront dans un bref délai aux prescriptions impératives de la loi de 1902 ; si quelqu'une continuait à opposer une force d'inertie dangereuse et pour la ville qu'elle administre et pour l'ensemble même du pays, je n'hésiterais pas à faire appel aux mesures coercitives prévues par le décret du 3 juillet 1905.

Sous le bénéfice de ces observations, j'ai l'honneur, Monsieur le Président, de vous prier de vouloir bien revêtir de votre signature le présent décret.

Le président du Conseil, ministre de l'intérieur,

G. CLÉMENCEAU.

II. — Décret du 5 avril 1907.

Le Président de la République française

Vu le rapport du président du Conseil, ministre de l'intérieur,

Vu la loi du 3 mars 1822 sur la police sanitaire, notamment l'article premier, paragraphe premier, de la dite loi;

Vu le décret du 4 janvier 1896 portant règlement de police sanitaire maritime;

Vu la loi du 15 février 1902 relative à la protection de la santé publique, notamment l'article premier de la dite loi et les règlements d'administration publique rendus pour son exécution;

Décrète :

Article premier. — Lorsqu'un navire se présente dans un port de France ou d'Algérie, ayant à bord un cas de «maladie fébrile», il est procédé à la visite médicale et la libre pratique n'est pas accordée avant qu'il ait été reconnu que la dite maladie n'est pas une des maladies transmissibles visées à l'article 4 de la loi du 15 février 1902 ou, s'il s'agit d'une de ces maladies, avant que les mesures nécessaires pour en prévenir la propagation aient été prises.

Art. 2. — Si l'examen médical permet de constater un cas certain ou suspect d'une des maladies transmissibles ci-dessus visées — hors les cas de maladies pestilentielles qui restent soumises au régime déterminé par les dispositions spéciales du règlement de police sanitaire maritime du 4 janvier 1896 — l'autorité sanitaire prend, tant à l'égard des passagers et de l'équipage que du navire même, les mesures commandées par les circonstances en conformité notamment des articles 2, 54 et 69 du dit règlement.

Elle prévient, d'autre part, la municipalité à qui il appartient d'assurer le transport et l'isolement du malade et elle provoque l'application, en dehors du navire, par les services municipaux ou départementaux chargés respectivement de cette mission, en vertu de la loi du 15 février 1902, des diverses mesures de prophylaxie prévues soit par la dite loi, soit par les règlements sanitaires locaux.

ART. 3. — Tout navire se trouvant dans un port de France ou d'Algérie est soumis de la part du service sanitaire maritime, pendant tout son séjour dans le port, à une surveillance ayant pour objet de connaître les premières manifestations à bord des maladies transmissibles et d'en empêcher la propagation.

A cet effet, le capitaine du navire est tenu de déclarer immédiatement à l'autorité sanitaire du port tout cas de «maladie fébrile» survenant à bord pendant cette période. Dès qu'elle a reçu cette déclaration, ou, à défaut de déclaration, dès qu'elle a été informée, de quelque façon que ce soit, de la présence à bord d'un cas de telle maladie, l'autorité sanitaire du port agit sans retard dans les conditions prévues aux articles précédents.

ART. 4. — L'armement est tenu de prêter son concours, dans les conditions indiquées par l'autorité sanitaire, à l'exécution des mesures prises en vertu du présent décret.

ART. 5. — Le ministre de l'intérieur et le gouverneur général de l'Algérie sont chargés, chacun en ce qui le concerne, de l'exécution du présent décret qui sera publié au *Journal officiel* de la République française.

Fait à Paris, le 5 avril 1907.

A. FALLIÈRES.

Par le Président de la République :

Le président du Conseil, ministre de l'intérieur,

G. CLEMENCEAU.

ANNEXES

Hygiène à bord des navires.

SÉCURITÉ DE LA NAVIGATION MARITIME ET RÉGLEMENTATION DU TRAVAIL A BORD DES NAVIRES DE COMMERCE

Loi du 17 avril 1907 (1).

LE SÉNAT ET LA CHAMBRE DES DÉPUTÉS ont adopté,

LE PRÉSIDENT DE LA RÉPUBLIQUE promulgue la loi dont la teneur suit :

TITRE Ier. — DE LA SÉCURITÉ DE LA NAVIGATION MARITIME

CHAPITRE I

Navires nouvellement construits et navires nouvellement acquis à l'étranger.

ARTICLE PREMIER. — Aucun navire français à voiles, à vapeur ou à propulsion mécanique, de commerce ou de pêche ou de plaisance, de plus de 25 tonneaux de jauge brute, ne peut être mis en service sans un permis de navigation délivré par l'administrateur de l'inscription maritime après constatation, par la commission prévue à l'article 4 ci-après :

1° Que toutes les parties du navire sont dans de bonnes conditions de construction et de conservation, de navigabilité et de fonctionnement, ou que le navire est coté à la première cote d'un des registres de classification désignés par arrêté du ministre de la marine, après avis du conseil supérieur de la navigation maritime ;

2° Qu'il a été satisfait au règlement d'administration publique prévu à l'article 53 ci-après, concernant l'aménagement, l'habitabilité et la salubrité des locaux de toutes nature ;

---

(1) Loi promulguée au *Journal officiel* du 20 avril 1907 et insérée au *Bulletin des lois* XII° S. B. 2836, n° 49067.

3° Que le navire est pourvu des instruments et documents nautiques, ainsi que des objets d'armement et de rechange énumérés dans le même règlement ;

4° Que l'installation à bord et le fonctionnement des embarcations et des appareils ou engins de sauvetage, ainsi que le matériel médical, sont conformes aux dispositions du même règlement ;

5° Que les prescriptions de ce règlement relatives au calcul du tirant d'eau maximum et aux marques indiquant ce maximum sur la coque du navire ont été observées. Le certificat de franc bord délivré par une société de classification reconnue par le ministre de la marine pourra tenir lieu de cette constatation ;

6° S'il s'agit d'un bateau à vapeur, ou qui comporte des appareils à vapeur, que ces appareils satisfont aux conditions qui seront prescrites dans le règlement d'administration publique prévu à l'article 53 de la présente loi ;

7° Que le nombre maximum des passagers de toute catégorie, pouvant être embarqués sur le navire, est conforme aux prescriptions du règlement d'administration publique prévu à l'article 53 de la présente loi.

Art. 2. — Pour les navires construits en France, les constatations prescrites au précédent article sont effectuées :

a) Pour celles qui sont relatives à la coque, dans le port de construction, où cette première visite a toujours lieu à sec. Les navires cotés à la première cote de l'un des registres de classification indiqués ci-dessus seront dispensés de cette constatation ;

b) Pour toutes les autres, dans le port où doit avoir lieu le premier armement du navire.

Pour les navires construits sous le régime de la loi du 19 avril 1906, les constatations ci-dessus dispensent de celles prévues par l'article 4 de la loi du 30 janvier 1893.

Pour les navires construits ou acquis à l'étranger, les mêmes constatations ont lieu dans les mêmes conditions, dans le port de France où le navire est conduit pour être francisé.

Art. 3. — Aucun navire étranger ne pourra embarquer des passagers dans un port français s'il n'a fait constater par la commission prévue à l'article 4 ci-après qu'il satisfait aux conditions imposées aux navires français par l'article premier de la présente loi.

Toutefois, les navires susvisés seront dispensés de ces constatations sur présentation, par les capitaines, de certificats de leur gouvernement, reconnus par le ministre de la marine, équivalents au permis de navigation français et à condition que les mêmes avantages soient assurés aux navires français dans les ports de leur nationalité.

Art. 4. — Les différentes constatations visées à l'article premier sont effectuées, partout où il y aura lieu d'en constituer, par des commissions de visite composées chacune comme suit :

L'administrateur de l'inscription maritime du quartier, ou, en cas d'empêchement, l'administrateur qui lui est adjoint ou qui peut lui être adjoint à cet effet ;

L'inspecteur de la navigation maritime prévu à l'article 7 de la présente loi ;

Un capitaine au long cours ayant accompli en cette qualité au moins quatre années de commandement ;

Un autre navigateur, soit capitaine au long cours s'il s'agit de navigation au long cours, soit maître au cabotage s'il s'agit de petit cabotage ou de pêche, ayant accompli quatre années au moins de navigation en l'une de ces qualités, les maîtres au cabotage devant être munis du brevet supérieur, lorsqu'il s'agit de navires à vapeur ou à propulsion mécanique ; à défaut, un officier de marine en activité ou en retraite ;

Un ingénieur des constructions navales, en activité ou en retraite, ou un ingénieur civil, de nationalité française ;

Un représentant des compagnies françaises d'assurances maritimes ;

Un expert, de nationalité française, appartenant à une société française de classification ;

Un officier mécanicien breveté de la marine marchande ayant au moins quatre ans de navigation maritime en cette qualité ; à défaut, un officier mécanicien de la marine, en activité ou en retraite ;

Le directeur de la santé du port ou un médecin sanitaire le suppléant ; à défaut, un médecin de la marine en activité ou en retraite, ou un médecin civil ;

Un représentant des armateurs et un représentant du personnel soit du pont, soit des machines, soit du service général, selon la visite dont il s'agit, prennent part aux délibérations de la commission avec voix délibérative, le représentant du personnel devant avoir au moins soixante mois de navigation.

L'administrateur de l'inscription maritime est président de la commission.

Il devra dresser, au commencement de chaque année, une liste générale des personnes rentrant dans les catégories ci-dessus énoncées et susceptibles de faire partie des commissions de visite prévues au présent article. Cette liste sera soumise à l'approbation du ministre de la marine et à celle du ministre du commerce et de l'industrie en ce qui concerne la désignation des représentants des armateurs et des assureurs.

L'administrateur de l'inscription maritime désignera sur cette liste, par roulement, à moins d'impossibilité, en tenant compte des absences et autres empêchements, les membres de la commission qui sera chargée, pendant une période déterminée, de toutes les visites des bâtiments nouvellement construits ou nouvellement acquis à l'étranger.

Le représentant des armateurs, le capitaine au long cours et le représentant du personnel naviguant seront désignés par l'administrateur de l'inscription maritime sur des listes dressées par chacun des groupements professionnels intéressés.

Ils ne devront pas avoir encouru de condamnation pour infractions à la présente loi.

CHAPITRE II

Navires en service.

ART. 5. — Après leur mise en service, les navires français visés à l'article premier devront être examinés, dans les ports de France ou dans ceux des colonies qui auront été désignés par décret, lorsque douze mois se seront écoulés depuis la dernière visite qu'ils auront subie.

Les navires arrivant dans un de ces ports après le délai de douze mois pourront être dispensés de la visite ci-dessus prescrite dans

ce port, s'ils n'y laissent qu'une partie de leur chargement, et s'ils se rendent, dans le délai d'un mois, à un des autres ports désignés par décret, où ils devront la subir.

Ils devront être visités également dans l'intervalle, par décision de l'administrateur de l'inscription maritime, toutes les fois qu'ils ont subi de graves avaries, ou de notables changements dans leur construction ou dans leurs aménagements, et chaque fois que l'armateur en fait la demande.

Ces visites porteront sur la coque, l'armement et les appareils à vapeur ou à propulsion mécanique.

Les navires à visiter seront laissés à flot, à moins que la commission chargée, conformément à l'article 6 ci-après. de la visite n'en décide autrement.

La commission pourra exiger, si elle le juge indispensable, que le navire lui soit présenté à l'état lège.

Toutefois, ceux qui sont affectés à une navigation de long cours ou de cabotage international, aux grandes pêches ou à la pêche au large, à voiles, à vapeur ou à propulsion mécanique, ne pourront passer plus de trois ans s'ils sont en bois, plus de dix-huit mois s'ils sont en fer ou en acier, sans être visités à sec, soit dans un port de France, soit dans un port des colonies désigné par décret, conformément aux prescriptions du premier paragraphe du présent article.

Pour l'éxécution de cette prescription, les armateurs devront faire connaître à l'administrateur de l'inscription maritime le moment où leurs navires passeront en cale sèche. Les visites à sec prescrites devront coïncider, si les délais indiqués au paragraphe précédent le permettent, avec le passage des navires en cale sèche.

Les navires qui auront conservé la première cote à l'un des registres de classification désignés comme il est dit à l'article premier ci-dessus seront dispensés de l'obligation des visites à sec.

Les navires étrangers prenant des passagers dans les ports français seront soumis dans ces ports aux visites annuelles et aux visites après avaries graves ou notables changements prescrites par le présent article.

Tontefois, ils seront dispensés de ces visites sur présentation, par les capitaines, de certificats de leur gouvernement, reconnus par le ministre de la marine, équivalents aux certificats de visite français et à condition que les mêmes avantages soient assurés aux navires français dans les ports de leur nationalité.

ART. 6. — Les visites indiquées à l'article précédent sont effectuées par une commission composée de l'administrateur de l'inscription maritime, président, de l'inspecteur de la navigation maritime et d'au moins deux experts techniques pris par roulement, à moins d'impossibilité par l'administrateur de l'inscription maritime sur la liste générale prévue au paragraphe 13 de l'article 4 de la présente loi, parmi les officiers de marine, capitaines au long cours, officiers mécaniciens de la marine marchande, ou parmi les ingénieurs, suivant le cas.

ART. 7. — Il sera créé dans chacun des ports désignés par décret, sous l'autorité de l'administrateur de l'inscription maritime, un inspecteur de la navigation maritime qui visitera tout navire français ou étranger en partance pour un voyage au long cours, au cabotage national ou interntional, ou pour une campagne aux grandes pêches, et s'assurera que ce navire est dans de bonnes conditions de conservation et de navigabilité; que les générateurs de vapeur, l'appareil moteur et tous les appareils à vapeur ou autres appareils mécaniques accessoires sont en bon état; que les instruments nautiques sont en bon état de fonctionnement; que les cartes marines ou tous documents nécessaires peuvent être utilisés pour le voyage projeté; que l'effectif est suffisant pour assurer normalement l'exécution des articles 21 à 30 ci-après eu égard à la navigation entreprise, et, d'une manière générale, que le navire satisfait aux prescriptions des divers paragraphes de l'article premier de la présente loi.

Il examinera les vivres, les boissons, l'eau potable et s'assurera que les prescriptions de l'article 31 ci-après, sont observées; il pourra, à cet effet, ordonner tout prélèvement de vivres, de boissons ou d'eau potable, ainsi que toute analyse ou autre moyen de vérification.

Les visites de partance ne seront jamais obligatoires qu'une fois par mois, dans le même port, pour les navires y revenant à intervalles plus fréquents.

Toutefois, l'inspecteur de la navigation maritime pourra, quand il le jugera utile, visiter tout navire présent dans le port.

Il visitera tout navire qu'une plainte précise et circonstanciée envoyée en temps utile, pour que le départ du navire ne soit pas retardé et signée par au moins trois hommes de l'équipage, lui aura signalé comme se trouvant dans de mauvaises conditions de navigabilité, d'hygiène ou d'approvisionnement en vivres et boissons.

Il interdira ou ajournera jusqu'à l'exécution de ses prescriptions le départ de tout navire, de quelque catégorie et de quelque nationalité qu'il soit, qui par son état de vétusté, son défaut de stabilité, les conditions de son chargement ou pour toute autre cause prévue à l'article premier de la présente loi, lui semblera ne pouvoir prendre la mer sans péril pour l'équipage ou les passagers.

Les motifs de l'interdiction seront notifiés immédiatement par écrit au capitaine du navire.

Art. 8. — Le capitaine du navire à qui l'autorisation de départ aura été refusée, ou qui jugera excessives les prescriptions de l'inspecteur de la navigation maritime pourra faire appel de cette décision auprès de l'administrateur de l'inscription maritime. Celui-ci, dans le délai de vingt-quatre heures, devra faire procéder à une contre-visite par une commission composée de trois experts pris par roulement, à moins d'impossibilité, sur la liste générale prévue au paragraphe 13 de l'article 4 de la présente loi, parmi les officiers de marine, capitaines au long cours, officiers mécaniciens de la marine marchande, ou parmi les ingénieurs, suivant le cas.

Cette commission statuera après avoir entendu l'inspecteur de la navigation maritime et l'appelant, et hors leur présence.

Art. 9. — Les inspecteurs de la navigation maritime seront nommés par le ministre de la marine qui les choisira, autant que possible, parmi les capitaines au long cours et les maîtres au cabotage ayant exercé pendant au moins quatre ans un commandement à la mer, ou, au besoin, parmi les officiers de marine en retraite.

Les capitaines visiteurs actuels sont aptes à être nommés inspecteurs de la navigation maritime. Ils peuvent également être adjoints à l'inspecteur titulaire.

Un décret rendu sur la proposition du ministre de la marine et du ministre du commerce et de l'industrie après avis du conseil supérieur de la navigation maritime déterminera l'organisation, le recrutement et la hiérarchie de ces agents, dont le nombre et le traitement seront fixés par le même décret.

Leur traitement sera cumulable avec les pensions ou demi-soldes dont ils seraient titulaires.

Chapitre III

Du permis de navigation.

Art. 10. — Toute demande de permis de navigation est adressée par le propriétaire du navire à l'administrateur de l'inscription maritime du port d'armement de ce navire.

Dans sa demande le propriétaire fait connaître :

1° Le nom du navire, son port d'attache ;

2° Ses principales dimensions, son tirant d'eau, lège et au maximum de charge, et le déplacement qui ne doit pas être dépassé, exprimé en tonneaux de 1.000 kilogrammes ;

3° Les hauteurs de la ligne de flottaison correspondant au déplacement maximum rapporté à des points de repère invariablement établis au-dessus de cette flottaison à l'avant, à l'arrière et au milieu du navire ;

4° Le service auquel le navire est destiné (transport des passagers ou marchandises, remorquage, etc.), et le genre de navigation qu'il est appelé à faire (long cours, cabotage, bornage, etc.);

5° Le nombre maximum de passagers qui pourront être reçus dans le navire.

S'il s'agit d'un navire à vapeur ou comportant des appareils à vapeur, le propriétaire devra fournir, en outre, les renseignements spéciaux qui seront indiqués dans le règlement d'administration publique prévu à l'article 53.

Art. 11. — Toute visite qui sera faite, soit à un navire neuf ou nouvellement francisé, soit à un navire en service, devra être l'objet d'un procès-verbal où seront enregistrées toutes les constatations qui auront été faites.

Ce procès-verbal, signé par tous ceux, agents administratifs, officiers ou experts, qui auront pris part à la visite, sera transmis sans retard par l'administrateur de l'inscription maritime au ministre de la marine.

Toutefois, les procès-verbaux des visites faites aux navires en partance ne seront transmis au ministre de la marine que lorsque les constatations faites par l'inspecteur de la navigation maritime auront eu pour effet le refus ou l'ajournement de l'autorisation de départ.

Les constatations mentionnées dans chaque procès-verbal seront inscrites sur un registre spécial qui sera tenu à bord et devra être présenté à toute réquisition des officiers ou agents chargés de la police de la navigation maritime.

Art. 12. — Sur le vu des procès-verbaux indiqués à l'article précédent, lorsqu'un navire neuf ou nouvellement francisé ou en service n'aura été l'objet d'aucune observation ou réserve de la part d'aucune des commissions qui l'auront visité, il sera délivré le plus rapidement possible et au plus tard dans les vingt-quatre heures, par l'administrateur de l'inscription maritime, un permis de navigation qui sera valable jusqu'à la visite suivante.

S'il s'agit d'un navire en partance et que la visite de l'inspecteur de la navigation maritime n'ait donné lieu à aucune opposition, l'autorisation de départ résultera simplement du certificat de visite.

Art. 13. — Si, au cours de la visite d'un navire nouvellement construit ou nouvellement francisé, la commission instituée à l'article 4 estime que les conditions de sécurité ou de salubrité indiquées à l'article premier ne sont pas toutes remplies ou ne le sont qu'insuffisamment, il en est fait mention détaillée au procès-verbal indiqué à l'article 11, et le permis de navigation ne peut être délivré sans que la commission, après une nouvelle expertise, ait spécifié dans un nouveau procès-verbal qu'il a été satisfait à toutes ses observations ou réserves.

Pour ces visites complémentaires, la commission sera en droit de déléguer un ou plusieurs de ses membres.

Dès qu'il a été satisfait aux prescriptions de la commission, il est délivré, aussitôt que possible et au plus tard dans les vingt-quatre heures, un permis de navigation qui est valable jusqu'à la visite suivante.

ART. 14. — Si, au cours d'une des visites périodiques ou éventuelles indiquées à l'article 5, il est reconnu que les conditions de sécurité ou de salubrité, prescrites par l'article premier, ne sont pas remplies ou ne le sont qu'insuffisamment, l'administrateur de l'inscription maritime suspend le permis de navigation jusqu'à ce qu'il ait été donné entière satisfaction à ses observations ou réserves.

S'il juge qu'il y a lieu d'en prononcer le retrait définitif, il en réfère immédiatement au ministre de la marine, qui statue dans les formes indiquées aux articles 18 et suivants ci-après.

ART. 15. — Aux colonies, la visite des navires neufs ou nouvellement francisés sera faite par une commission dont fera partie l'officier chargé de la police de la navigation maritime et dont les membres seront nommés par le gouverneur.

Cette commission se composera, autant que possible, des mêmes éléments que celle prévue à l'article 4 de la présente loi.

Dans le cas où la constitution des commissions ou la nomination des experts présenteraient des difficultés, il en serait référé au ministre de la marine qui, après avoir pris l'avis de la commission instituée à l'article 19, fixera dans quelles conditions ces commissions pourront être constituées et les experts désignés.

La visite des navires en cours de service sera faite par une commission composée de l'officier ou fonctionnaire chargé de la police de la navigation maritime et de deux experts nommés par le gouverneur.

Le gouverneur désignera le président de cette commission.

La visite des navires en partance sera faite par l'officier ou le fonctionnaire chargé de la police de la navigation maritime, lequel possédera tous les pouvoirs conférés par l'article 7 de la présente loi à l'inspecteur de la navigation.

Le capitaine qui n'acceptera pas la décision prise par cet officier ou fonctionnaire pourra en appeler au gouverneur qui devra statuer dans les vingt-quatre heures. Il pourra être appelé de la décision du gouverneur au ministre de la marine.

ART. 16. — A l'étranger, les visites des navires neufs ou nouvellement francisés sont effectuées sous l'autorité des consuls généraux, consuls ou vice-cousuls de France, qui constitueront, dans les limites du possible, des commissions semblables à celles prévues à l'article 4 et à l'article 6 de la présente loi.

Ces visites auront lieu dans les mêmes formes et il en est de même pour la délivrance du permis de navigation.

Dans le cas où la constitution des commissions ou la nomination des experts présenteraient des difficultés, il en serait référé au ministre de la marine qui, après avoir pris l'avis de la commission instituée à l'article 19, fixera dans quelles conditions ces commissions pourront être constituées ou les experts désignés.

ART. 17. — Lorsqu'un navire, visé à l'article premier et construit en France, doit quitter le lieu où il a été construit pour se rendre dans le port de France ou d'Algérie où il doit effectuer son premier armement, il doit préalablement subir les formalités prescrites par les paragraphes premier, 4 et 8 de l'article premier et par l'article 4 ; il reçoit, dans les conditions indiquées aux articles 12, 13 et 14 ; un permis provisoire de navigation.

Lorsqu'un navire visé à l'article premier construit en France et destiné à une marine étrangère, doit quitter le lieu où il a été construit pour son port de destination, il doit préalablement, si le voyage doit durer plus de quarante-huit heures, subir les formalités prescrites par les paragraphes 1, 4, et 8 de l'article premier et par l'article 4 de la présente loi, et reçoit, dans les conditions des articles 12, 13 et 14 un permis provisoire de navigation ; si le voyage dure moins de quarante-huit heures, les prescriptions du paragraphe premier du présent article lui sont appliquables.

CHAPITRE IV

Commission supérieure.

ART. 18. — Les décisions prises par les commissions, visées aux articles 1, 4, 6 et 8 de la présente loi, pourront faire l'objet de pourvois devant le ministre de la marine qui devra d'urgence, transmettre, pour avis, les pourvois et réclamations du propriétaire ou du capitaine du navire à la commission supérieure instituée à l'article 19 ci-après.

Cette commission donne également au ministre de la marine son avis sur les dispositions spéciales que celui-ci peut être amené à prendre, pour l'application de la présente loi et notamment pour la constitution des commissions prévues aux articles 4, 15 et 16 ou la nomination des experts prévus aux articles 6, 15 et 16, dans les colonies ou dans les ports étrangers.

ART. 19. — La commission supérieure prévue à l'article précédent est composée ainsi qu'il suit :

Deux sénateurs ;

Trois députés ;

Un membre du Conseil d'État ;

Le directeur de la navigation et des pêches maritimes au ministère de la marine ;

Le directeur de la marine marchande et des transports au ministère du commerce ;

Un officier général de la marine ;

Un officier général ou supérieur du génie maritime ;

Un officier général ou supérieur mécanicien de la marine :

L'inspecteur général des services sanitaires de France ;

Un membre du conseil supérieur de santé de la marine ;

Deux armateurs ou représentants des sociétés d'armement ;

Un négociant, représentant des chargeurs ;

Un représentant des assureurs maritimes de nationalité française ;

Un représentant d'une société française de classification, de nationalité française ;

Un capitaine au long cours, ayant au moins quatre ans de commandement à la mer en cette qualité ;

Un officier mécanicien breveté de 1re classe de la marine marchande, ayant au moins quatre ans de navigation maritime en cette qualité ;

Deux inscrits maritimes appartenant l'un au personnel du pont, l'autre au personnel de la machine, ayant au moins soixante mois de navigation.

Tous les membres de cette commission sont nommés par le ministre de la marine pour trois années, à l'exception des armateurs, du négociant et des assureurs, qui seront nommés, pour le même temps, par le ministre du commerce et de l'industrie .

Le capitaine au long cours, l'officier mécanicien de la marine marchande et les inscrits maritimes sont nommés par le ministre de la marine sur des listes présentées par les groupements intéressés.

Les deux armateurs ou représentants des sociétés d'armement sont nommés par le ministre du commerce et de l'industrie sur des listes présentées par les groupements intéressés.

Dans les cas prévus aux paragraphes 3 des articles 15. et 16, le directeur compétent au département des colonies ou le directeur des consulats au département des affaires étrangères, selon le cas, sont appelés à faire partie de la commission supérieure et ont voix délibérative pour les affaires qui les concernent.

Art. 20. — Les intéressés sont avisés de la réunion de la commission et admis, s'ils le demandent, à présenter leurs observations, qui doivent être consignées au procès-verbal.

La commission doit donner son avis dans le délai de dix jours au plus, sauf le cas d'enquête ou d'expertises spéciales.

Titre II. — Réglementation du travail a bord des navires

Chapitre I

Des officiers.

Art. 21. — Les navires visés à l'article premier qui ont une jauge brute d'au moins 700 tonneaux et qui naviguent au long cours doivent avoir à bord, avec le capitaine, pour le service du pont, au moins un officier en second et un lieutenant diplômés.

Les navires d'une jauge brute supérieure à 1000 tonneaux, naviguant au cabotage international ou au grand cabotage national et accomplissant des voyages les éloignant de plus de 400 milles de tout port français de la métropole, devront avoir à bord, avec le capitaine pour le service du pont, au moins un officier en second et un lieutenant.

Les navires naviguant au long cours qui ont moins de 700 tonneaux, mais plus de 200 tonneaux de jauge brute, doivent avoir à bord, avec le capitaine, pour le service du pont, au moins un officier en second diplômé.

Les navires d'une jauge brute inférieure à 1.000 tonneaux, mais supérieure à 200 tonneaux, naviguant au cabotage international ou au grand cabotage national et accomplissant des voyages les éloignant de plus de 400 milles de tout port français de la métropole doivent avoir à bord, avec le capitaine, pour le service du pont, au moins un officier en second.

ART. 22. — A la mer et dans les rades foraines, le personnel officier du pont et celui des machines marchent par quarts; il y a deux quarts au moins pour le personnel officier du pont ; il y en a trois pour celui des machines, dans tous les cas où le personnel des machines comprend lui-même trois quarts.

Tout mécanicien chef de quart doit être breveté.

Aucun officier du bord ne peut refuser son concours, quelle que soit la durée des heures de service qui lui sont commandées. Mais l'organisation des quarts doit être réglée de façon qu'aucun officier du pont n'ait à faire plus de douze heures de service par jour et qu'aucun officier des machines n'ait à faire plus de huit heures, dans tous les cas où le personnel des machines comprend lui-même trois quarts.

Hors les circonstances de force majeure et celles où le salut du navire, des personnes embarquées ou de la cargaison est en jeu, circonstances dont le capitaine est le seul juge, toute heure de service commandée au delà des limites fixées par le paragraphe précédent donne lieu à une allocation supplémentaire proportionnelle, qui ne peut être moindre de 1 franc par heure de service accomplie en plus du service normal.

ART. 23. — Dans le port ou sur une rade abritée, le personnel officier ne doit, en dehors des circonstances de force majeure, qu'un service de dix heures par jour.

Cependant, le jour de l'arrivée, ainsi que le jour de départ, les périodes cumulées de service en rade ou dans le port et de service à la mer pourront atteindre douze heures pour tout le personnel officier, sans donner lieu obligatoirement à aucune rénumération supplémentaire, à la condition toutefois que ces jours d'arrivée et de départ ne se reproduisent pas plus de deux fois par semaine;

dans le cas contraire, les dispositions des paragraphes 2 et 3 de l'article précédent sont applicables.

CHAPITRE II

De l'équipage.

ART. 24. — A la mer et sur les rades foraines, l'équipage du pont et celui des machines marchent par quarts.

Le personnel du pont comprend deux quarts au moins. L'effectif de cette catégorie du personnel doit être calculé de manière à n'exiger de chaque homme en faisant partie que douze heures de travail par jour.

ART. 25. — Le personnel des machines comprend trois quarts dans la navigation au long cours, ainsi que dans la navigation au cabotage international ou au grand cabotage national, lorsque le navire accomplit des voyages l'éloignant de 400 milles de tout port français de la métropole et si sa jauge brute est supérieure à 1.000 tonneaux. Le règlement d'administration publique, prévu à l'article 54 ci-après, déterminera les autres cas dans lesquels l'équipage des machines devra être réparti en trois quarts.

Chaque quart du personnel des machines doit comprendre au moins un homme par trois fourneaux.

Le chauffeur, pendant son quart, ne doit pas être distrait du service de la chauffe, si ce n'est pour les besoins urgents de la machine.

L'armateur ou le capitaine est tenu de faire connaître aux hommes qui vont s'engager et de déclarer lors de la confection du rôle d'équipage, à la suite des conditions d'engagement, la composition de l'équipage et le nombre des fourneaux existant dans la chaufferie.

A bord des navires à vapeur où le service de la machine comprend trois quarts, la tenue en état des machines est assurée par le personnel des machines, en dehors des heures de quart et sans qu'il puisse réclamer d'allocation supplémentaire, pourvu qu'aucun homme n'y soit employé plus d'une heure sur vingt-quatre.

A bord des navires où le personnel de la machine ne comprend que deux quarts, le travail de tenue en état des machines effectué en dehors des heures de quart donne lieu à l'allocation supplémentaire prévue ci-après.

Dans tous les cas, à chaque quart, le personnel des machines, de concert avec celui du pont, assure l'enlèvement des escarbilles.

ART. 26. — Aucun homme de l'équipage du pont ou des machines ne peut refuser ses services, quelle que soit la durée des heures de travail qui lui seront commandées.

Mais, hors les cas de force majeure et ceux où le salut du navire, des personnes embarquées ou de la cargaison est en jeu, cas dont le capitaine est seul juge, toute heure de travail commandée au delà des limites fixées par les articles 24 et 25 donne lieu à une allocation supplémentaire dont le montant sera réglé par les contrats et usages.

Le capitaine du navire doit faire mention dans son rapport de mer, ainsi que sur le journal du bord, des circonstances exceptionnelles visées aux paragraphes 3 de l'article 22 et 2 du présent article. Cette mention sera visée sur le journal du bord par un représentant, soit du pont, soit des machines.

ART. 27. — Si le navire est dans le port ou sur une rade abritée, l'homme d'équipage n'est tenu que dans les circonstances de force majeure à travailler plus de dix heures par jour, service de veille compris, pour le personnel du pont, et plus de huit heures pour le personnel des machines.

Cependant, le jour de l'arrivée, ainsi que le jour du départ, les périodes cumulées de service en rade ou dans le port et de service à la mer pourront atteindre douze heures pour le personnel du pont, sans donner lieu obligatoirement à aucune rémunération supplémentaire, à la condition toutefois que ces jours d'arrivée et de départ ne se reproduisent pas plus de deux fois par semaine ; dans le cas contraire, les dispositions du paragraphe 2 de l'article précédent sont applicables.

ART. 28. — Le dimanche sera, autant que possible, le jour affecté au repos hebdomadaire. Toutefois, le capitaine pourra choisir un autre jour pour tout ou partie de l'équipage.

Dans les ports et rades abritées de France et des colonies, l'équipage du navire ne doit être employé le jour du repos hebdomadaire à un travail quelconque, que si ce travail ne peut-être différé.

En mer, sauf les circonstances de force majeure et celles où le salut du navire, des personnes embarquées et de la cargaison est en jeu, circonstances dont le capitaine est seul juge, l'équipage ne doit être tenu d'exécuter, le jour du repos hebdomadaire, que les travaux indispensables pour la sécurité et la conduite du navire, le service des machines, les soins de propreté quotidiens, l'approvisionnement et le service des personnes embarquées. Les soins de propreté ne pourront occuper la bordée de quart plus de deux heures le matin.

Hors les circonstances de force majeure et celles où le salut du navire, des personnes embarquées ou de la cargaison est en jeu, et sauf la nécessité de pourvoir à l'approvisionnement et au service des personnes embarquées, toute heure de travail commandée le jour du repos hebdomadaire dans le port ou sur la rade donne lieu à l'allocation supplémentaire prévue à l'article 26 de la présente loi.

Chapitre III

Des novices et des mousses.

Art. 29. — L'inscription provisoire sur les registres de l'inscription maritime et l'embarquement, à titre professionnel, sont interdits pour les enfants âgés de moins de treize ans révolus. Ceux-ci peuvent toutefois être inscrits provisoirement et embarqués si, étant âgés de douze ans au moins, ils sont titulaires du certificat d'études primaires.

L'inscription provisoire est subordonnée à la présentation d'un certificat d'aptitude physique délivré à titre gratuit par un médecin désigné par l'autorité maritime ; si ce certificat ne constate l'aptitude de l'enfant que pour un genre de navigation, celui-là seul est permis.

Art. 30. — Le service des novices et des mousses à bord des navires visés à l'article premier est réglé par les articles 24, 25, 26 et 27 précédents et relatifs au travail des équipages du pont et des machines ; mais ce service est subordonné, indépendamment des dispositions de l'article précédent, aux dispositions spéciales qui suivent :

a) L'embarquement des mousses n'ayant pas quinze ans révolus au moment du départ du navire est désormais interdit sur tout navire armé pour les grandes pêches de Terre-Neuve et d'Islande ;

b) Sur tout navire visé à l'article premier, il est interdit de faire faire le service des quarts de nuit, de huit heures du soir à quatre heures du matin, aux novices et aux mousses, et la durée totale de leur travail ne pourra dépasser la durée réglementaire du personnel. Leur travail supplémentaire sera rétribué.

Les mousses et les novices ne pourront être employés au travail des chaufferies ni des soutes ;

c) Le nombre de novices et de mousses à embarquer sur lesdits navires est déterminé à raison d'un mousse ou d'un novice par quinze hommes ou fraction de quinze hommes d'équipage.

Chapitre IV

De la nourriture du personnel embarqué sur les navires.

Art. 31. — Il est interdit à tout propriétaire de navire de charger à forfait le capitaine ou un membre quelconque de l'état-major de ce navire de la nourriture du personnel embarqué.

Les aliments destinés à l'équipage doivent être sains, de bonne qualité, en quantité suffisante et d'une nature appropriée au voyage entrepris.

La composition de la ration distribuée devra être équivalente à celle prévue pour les marins de la flotte. Pour l'accomplissement et le contrôle de cette prescription, un tableau d'équivalences sera établi par un arrêté ministériel ; ce tableau fixera la ration maximum de boissons alcooliques qui pourra être embarquée et distribuée.

Le tableau d'équivalences ci-dessus prévu et la composition des rations distribuées seront affichés d'une manière permanente dans les postes du personnel. A chaque distribution, le personnel du pont et celui des machines pourront faire choix à tour de rôle d'un de leurs membres pour vérifier les quantités distribuées.

Les retranchements opérés par le capitaine sur les distributions donneront lieu, sauf le cas de force majeure et celui de retranchement de boisson fermentée prononcé à titre de peine dans les conditions prévues par le décret du 24 mars 1852, à une indemnité représentative du retranchement opéré.

Les circonstances de force majeure sont constatées sur procès-verbaux signés du capitaine, du médecin du bord, s'il y en a un, et des deux représentants du personnel du navire ci-dessus indiqués.

Chapitre V

Dispositions spéciales.

Art. 32. — Les dispositions des articles 21, 22, 23, 24, 25, 26, 27 et 28 et le paragraphe b) de l'article 30 ne sont pas applicables aux navires armés à la pêche, quel que soit le tonnage de ces navires quel que soit le genre de pêche qu'ils pratiquent.

Il en est de même pour les bâtiments de commerce de moins de 200 tonneaux de jauge brute et pratiquant des navigations autres que le long cours et le cabotage international.

Le règlement d'administration publique prévu à l'article 54 ci-après déterminera les conditions dans lesquelles le travail sera organisé à bord des catégories de bâtiments visés aux deux paragraphes qui précèdent.

Titre III. — Pénalités

Chapitre I

Propriétaires et armateurs.

Art. 33. — Est puni d'une amende de 100 à 1.000 francs tout armateur ou propriétaire d'un navire visé à l'article premier, qui a fait naviguer son navire sans qu'il soit munis du permis de navigation exigé par cet article.

Est également puni d'une amende de 100 à 1.000 francs, pour chaque infraction constatée, tout armateur ou propriétaire qui ne se conforme pas aux prescriptions des articles 21 à 31 de la présente loi et à celle des règlements d'administration publique prévus aux articles 53 et 54 ci-après.

Art. 34. — Est puni d'une amende de 200 à 2.000 francs et d'un emprisonnement de huit jours à six mois ou de l'une de ces deux peines seulement, tout armateur ou propriétaire qui a continué à faire naviguer un navire visé à l'article premier dont le permis de navigation a été suspendu en vertu de l'article 14 de la présente loi.

Est puni, pour chaque infraction constatée, d'une amende de 400 à 4.000 francs et d'un emprisonnement de un mois à un an ou de l'une de ces deux peines seulement, tout armateur ou propriétaire qui a fait naviguer un navire visé à l'article premier pour lequel le permis de navigation a été refusé ou retiré par application des articles 13 et 14 de la présente loi.

Art. 35. — Est puni d'une amende de 100 à 1.000 francs tout armateur ou propriétaire qui a fait naviguer un navire visé à l'article premier avec un permis de navigation périmé, à moins que la déchéance du permis ne soit survenue en cours de route.

Art. 36. — Dans les cas prévus aux trois articles précédents, l'armateur ou propriétaire qui commande lui-même son navire peut, indépendamment des peines dont il est passible en vertu desdits articles, être puni par le ministre de la marine du retrait temporaire ou définitif de la faculté de commander.

Chapitre II

Capitaines et équipages.

Art. 37. — Le capitaine qui a commis personnellement, ou d'accord avec l'armateur ou propriétaire du navire, les infractions prévues et réprimées par les articles 33, 34 et 35, est passible des pénalités prévues auxdits articles.

Art. 38. — Les peines prononcées contre le capitaine pourront être réduites au quart de celles prononcées contre l'armateur ou propriétaire, s'il est prouvé que le capitaine a reçu un ordre écrit ou verbal de cet armateur ou propriétaire.

Art. 39. — Tout membre de l'équipage qui aura provoqué une visite à bord en s'appuyant sciemment sur des allégations inexactes, sera puni de six jours à trois mois de prison ; s'il n'y a pas eu mauvaise foi de sa part, la peine de l'emprisonnement pourra descendre au-dessous de six jours.

Chapitre III

Récidive. — Compétence. — Prescription.

Art. 40. — Les peines d'amende et d'emprisonnement prévues aux articles 33 à 35 inclus et aux articles 37, 38 et 39 peuvent être portées au double en cas de récidive.

Il y a récidive lorsque le contrevenant a subi, dans les douze mois qui précèdent, une condamnation pour des faits réprimés par la présente loi.

Art. 41. — Les infractions prévues par la présente loi sont de la compétence des tribunaux correctionnels.

Art. 42. — Les dispositions de l'article 463 du code pénal et de la loi du 26 mars 1891 sur le sursis à l'exécution de la peine sont applicables aux infractions prévues par la présente loi.

Art. 43. — Dans les cas prévus par la présente loi, l'action publique et l'action civile se prescrivent dans les conditions fixées par les articles 636 et 638 du code d'instruction criminelle.

Art. 44. — En cas de négligence ou de manquement d'une nature quelconque dans l'exercice de leurs fonctions, commis par des membres de la commission prévue à l'article 4 ou des experts dont la nomination est prévue aux articles 6 et 8 et qui ne sont ni officiers, ni fonctionnaires en activité de service, le ministre de la marine, ou le ministre du commerce et de l'industrie suivant les cas, pourra prononcer la radiation momentanée ou définitive de ces membres de la liste générale prévue au paragraphe 13 de l'article 4.

La radiation est prononcée sur l'avis de la commission supérieure instituée par l'article 19.

Les dispositions des paragraphes 1 et 2 de l'article 177 du code pénal sont applicables aux membres de la commission et aux experts visés au paragraphe premier du présent article. Celles des articles 179 et 180 du même code sont applicables aux armateurs et propriétaires de navires, ainsi qu'à leurs capitaines ou autres représentants.

ART. 45. — Le montant des sommes provenant des amendes prononcées en vertu de la présente loi est versé pour moitié à la caisse des invalides de la marine, pour moitié à la caisse de prévoyance des marins français.

TITRE IV. — DISPOSITIONS GÉNÉRALES

ART. 46. — Toute clause de contrat d'engagement contraire aux dispositions des articles 21 à 30 précédents et aux règlements d'administration publique qui les concernent est nulle de plein droit.

ART. 47. — Dans tous les articles de la présente loi, l'expression de capitaine qui y figure doit être comprise comme concernant le capitaine, maître ou patron, ou celui qui en remplit effectivement les fonctions.

ART. 48. — A partir de la promulgation de la présente loi, le permis de navigation, institué pour la navigation d'agrément par l'article premier de la loi du 20 juillet 1897, prend le nom de permis de plaisance.

ART. 49. — La présente loi est applicable à la navigation de plaisance, sauf en ce qui concerne les articles 21 à 31 (titre II, chapitres 1, II, III et IV).

Un règlement d'administration publique spécial, rendu après avis du conseil supérieur de la navigation maritime, déterminera pour les navires de plaisance de plus de 25 tonneaux les conditions d'application des dits articles 21 à 31 et celles auxquelles devront satisfaire les propriétaires de ces navires pour avoir le droit d'en exercer le commandement.

Art. 50. — Indépendamment des dispositions de la présente loi, les navires affectés au transport des émigrants ou à un service postal restent soumis au régime spécial auquel ils sont assujettis, soit par les lois et décrets relatifs à l'émigration, soit par les cahiers des charges concernant l'exploitation de services maritimes postaux.

Art. 51.— Les membres des commissions prévues aux articles 4, 6, 8 et 19, qui ne sont ni officiers ni fonctionnaires en activité de service, recevront des rétributions sur les fonds du budget du département de la marine. Ils ne seront pas assujettis, en raison de ces fonctions, à la contribution des patentes.

Art. 52. — La visite avant mise en service et les visites périodiques donneront lieu à la perception d'un droit qui sera de 5 centimes par tonneau de jauge brute pour les navires armés au long cours, et de 3 centimes pour les navires armés au cabotage ou à la pêche. Ce droit sera dû par le propriétaire du navire visité, qui sera exempt de tous autres frais.

Les visites de partance donneront lieu, quelle que soit la nationalité du navire, à la perception d'un droit de vingt francs (20 fr.) pour les navires armés au long cours ou au cabotage international, et de dix francs (10 fr.) pour les navires armés au cabotage national. Les visites de partance faites aux navires armés à la grande pêche seront gratuites, de même que celles facultativement faites aux navires armés au bornage ou à la petite pêche.

Il ne pourra pas être perçu plus d'un droit de visite par mois pour le même navire. La présentation du dernier certificat de visite, mentionnant que le droit a été acquitté, justifiera de son payement dans tout port français.

Les visites exceptionnelles donneront lieu : à la perception d'un droit de vingt francs (20 fr.) pour les navires armés au long cours ou au cabotage international : à la perception d'un droit de dix francs (10 fr.) pour les navires se livrant aux autres navigations. Ce droit sera à la charge des armateurs, sauf dans le cas de réclamation de l'équipage reconnue non fondée : dans ce cas, l'administrateur de l'inscription maritime retiendra le montant de ce droit sur les salaires des plaignants dont la mauvaise foi aura été reconnue.

ART. 53. — Un règlement d'administration publique, rendu sur la proposision du ministre de la marine et du ministre du commerce et de l'industrie, après avis du conseil supérieur de la navigation maritime, fixera ;

1º Les renseignements, dessins et plans que devra contenir toute demande adressée à l'administrateur de l'inscription maritime par le propriétaire d'un navire de plus de 25 tonneaux de jauge brute, en vue d'obtenir un permis de navigation ;

2º Le cube d'air des locaux affectés à l'habitation de l'équipage et des personnes embarquées et les dispositions générales propres à en assurer la salubrité, l'installation des couchettes, lavabos et autres détails afférents à ces locaux, les mesures de propreté et d'entretien qui y seront observées et les aménagements nécessaires à la bonne conservation des vivres et des boissons ;

3º Les conditions que devront remplir les appareils à vapeur, qu'il s'agisse d'un navire à vapeur, ou propulsion mécanique ou d'un navire comportant des appareils à vapeur ;

4º L'énumération des instruments, nautiques et de tous les objets d'armement et de rechange qui devront être obligatoirement à bord de tout navire, ainsi que les conditions auxquelles doivent satisfaire ces différents instruments ou objets pour remplir leur destination ;

5º L'énumération des installations, embarcations, appareils ou engins de sauvetage que devra posséder le navire en vue d'assurer le sauvetage collectif ou individuel, ainsi que les communications, en cas de sinistre, du navire avec la terre ;

6º Le détail du matériel médical et pharmaceutique établi d'après la durée de la navigation et le chiffre du personnel embarqué ;

7° Les règles générales d'après lesquelles sera calculé le tirant d'eau maximum et seront apposées les marques qui devront indiquer ce maximum sur la coque des navires, règles pour la détermination desquelles il sera fait appel au concours de sociétés de classification reconnues par le ministre de la marine ;

8° Les règles générales d'après lesquelles sera calculé, pour les navires à passagers, le nombre maximum de ceux-ci ;

9° Les règles d'après lesquelles il pourra être exigé un médecin à bord des navires de commerce ;

10° Les détails relatifs au fonctionnement de la commission supérieure et à la procédure à suivre pour les appels, avis, enquêtes et expertises ;

11° Les conditions dans lesquelles la présente loi et les règlements d'administration publique rendus pour assurer son exécution seront portés à la connaissance des intéressés.

Les prescriptions de ce règlement d'administration publique qui entraîneraient des modifications notables d'aménagement, d'installation ou de construction ne seront pas applicables aux navires en service au moment de la mise en vigueur de la loi.

ART. 54. — Un règlement d'administration publique rendu sur la proposition du ministre de la marine et du ministre du commerce et de l'industrie, après avis du conseil supérieur de la navigation maritime déterminera :

1° Celles des prescriptions qui ne seront pas applicables, ou qui ne seront applicables, que sous certaines réserves aux navires en service au moment de la mise en vigueur de la loi ;

2° Les circonstances dans lesquelles l'autorité maritime pourra exiger que le service du pont, pour les officiers, soit organisé en plus de deux quarts ;

3° Les cas autres que ceux indiqués au paragraphe premier de l'article 25, dans lesquels le personnel des machines devra comprendre trois quarts ;

4° Les conditions dans lesquelles le travail sera organisé sur les navires visés à l'article 32 de la présente loi ;

5° Les exceptions que, d'une manière générale, devra comporter la réglementation du travail édictée par les articles 21 à 30 inclus, que ces exceptions soient motivées par la brièveté des traversées, la fréquence et la durée des séjours dans les ports, la nature du service auquel le navire est destiné, ou pour toute autre cause.

ART. 55. — Les bâtiments de commerce ou de pêche de moins de 25 tonneaux de jauge brute seront soumis à une visite annuelle. Un règlement d'administration publique déterminera les formes dans lesquelles il sera procédé à ces visites, ainsi que les conditions dans lesquelles sera assurée la surveillance permanente des appareils à vapeur ou à propulsion mécanique.

ART. 56. — Les navires de plus de 25 tonneaux ne seront plus soumis à d'autres visites que celles prescrites par les articles 1, 5 et 7 de la présente loi.

La présente loi sera mise en vigueur six mois après la promulgation des règlements d'administration publique prévus aux articles 53 et 54.

Toutefois, pour les navires actuellement en service, le ministre de la marine pourra accorder des délais en raison de l'état actuel de leurs aménagements et de l'importance du matériel de la compagnie ou de la maison d'armement à laquelle ils appartiennent, de manière à faciliter l'application progressive des dispositions de la présente loi.

ART. 57. — Sont abrogés, à partir de la mise en vigueur des règlements d'administration publique prévus par la présente loi, tous textes de lois, décrets, règlements, circulaires ayant pour objet la visite des bâtiments, et notamment les dispositions y relatives du règlement du roi du 13 février 1785, des décrets du 4 juillet 1853, du décret du 19 novembre 1859 et du décret du 2 juillet 1894.

Seront également abrogés, à partir de la mise en vigueur de la présente loi, le décret du 1er février 1893, et tous les actes relatifs à l'embarquement des novices et des mousses à bord des navires de commerce et de pêche, notamment les décret-loi et décrets des 23 mars 1852, 15 mars 1862 et 2 mai 1863.

Est abrogé le deuxième paragraphe de l'article 76 du décret-loi disciplinaire et pénal pour la marine marchande du 24 mars 1852.

Sont abrogées, d'une manière générale, toutes dispositions des lois, décrets et règlements antérieurs en ce qu'elles ont de contraire à la présente loi.

La présente loi, délibérée et adoptée par le Sénat et par la Chambre des députés, sera exécutée comme loi de l'État.

Fait à Rambouillet, le 17 avril 1907.

A. FALLIÈRES.

Par le Président de la République :

Le ministre de la marine,
Gaston THOMSON.

Le ministre du commerce et de l'industrie par intérim,
MILLIÈS-LACROIX.

RÉGLEMENTATION APPLICABLE EN VERTU DES ARTICLES 53 ET 54
DE LA LOI DU 17 AVRIL 1907

I. — RAPPORT présenté au Président de la République française par les ministres de la marine et du commerce et de l'industrie (1).

Paris, le 21 septembre 1908.

MONSIEUR LE PRÉSIDENT,

L'article 53 de la loi du 17 avril 1907, concernant la sécurité de la navigation maritime et la réglementation du travail à bord des navires de commerce, a laissé à un règlement d'administration publique, rendu sur la proposition du ministre de la marine et du ministre du commerce et de l'industrie, après avis du conseil supérieur de la navigation maritime, le soin de déterminer les dispositions destinées à assurer la sécurité et l'hygiène du bord.

L'étendue de cet acte, son importance et l'attention minutieuse avec laquelle il importait d'en examiner les termes expliquent la longueur du temps écoulé entre la promulgation de la loi et son achèvement.

La réunion de tous les éléments d'étude, renseignements, avis et documents nécessaires a occupé une grande partie de cette période. Il a paru en effet

---

(1) Rapport et décret publiés au *Journal officiel* du 26 septembre 1908.

indispensable d'appeler les autorités maritimes des ports à faire connaître leurs observations et propositions, basées sur leur expérience des défectuosités et des lacunes de l'ancienne réglementation. De plus, les armateurs, d'une part, les inscrits maritimes, d'autre part, ont été invités à fournir l'exposé de leurs desiderata. Enfin, de nombreux documents sur les législations étrangères susceptibles de servir d'indications ont été réunis, traduits et classés, suivant les questions auxquelles ils se rapportaient.

Le dépouillement et l'étude de tous les renseignements recueillis au cours de cette vaste enquête ont ensuite été effectués avec soin et toutes les propositions formulées ont fait l'objet, jusque dans les moindres détails, d'un examen approfondi.

Après l'administration de la marine, le conseil supérieur de la navigation maritime a dû fournir, à son tour, un effort considérable. Au cours de ses délibérations, commencées en février 1908 et poursuivies jusqu'à ces derniers jours, il s'est efforcé de concilier, dans la plus large mesure possible, les intérêts des armateurs avec ceux des personnes embarquées et de n'imposer à l'armement nulle charge qui ne fût indispensable pour assurer la sécurité de la navigation et l'hygiène des équipages et des passagers.

L'article 54, n° 1, de la même loi disposant qu'un règlement d'administration publique déterminera les prescriptions applicables aux navires en service au moment de sa mise en vigueur, il a paru que ce texte devait prendre place à la fin du règlement concernant la sécurité de la navigation. La plus grande prudence a présidé au choix de ses dispositions et il n'a été exigé des bâtiments dont il s'agit que les améliorations de détail reconnues indispensables et faciles à exécuter. De plus, le bénéfice des dispenses qui font l'objet du chapitre intitulé « Dispositions transitoires » a paru devoir être étendu aux navires en construction, qui seront achevés avant l'expiration d'un délai de deux années à partir de la mise en vigueur de la loi.

Tel est, Monsieur le Président, l'esprit dans lequel a été élaboré le projet de règlement dont il s'agit, que le Conseil d'État a adopté dans sa séance du 7 août dernier et que nous avons l'honneur de soumettre à votre haute sanction.

Nous vous prions d'agréer, Monsieur le Président, l'hommage de notre profond respect.

Le ministre de la marine,

Gaston THOMSON.

Le ministre du commerce et de l'industrie,

Jean CRUPPI.

II. — DÉCRET du 21 septembre 1908.

(Extraits)

LE PRÉSIDENT DE LA RÉPUBLIQUE FRANÇAISE,

Sur le rapport du ministre de la marine et du ministre du commerce et de l'industrie ;

Vu la loi du 17 avril 1907, concernant la sécurité de la navigation maritime et la réglementation du travail à bord des navires de commerce et, notamment, les articles 53 et 54, n° 1, ainsi conçus :

« Art. 53. — Un règlement d'administration publique, rendu sur la proposition du ministre de la marine et du ministre du commerce et de l'industrie, après avis du conseil supérieur de la navigation maritime, fixera :

« 1° les renseignements, dessins et plans que devra contenir toute demande adressée à l'administrateur de l'inscription maritime par le propriétaire d'un navire de plus de 25 tonneaux de jauge brute, en vue d'obtenir un permis de navigation ;

« 2° le cube d'air des locaux affectés à l'habitation de l'équipage et des personnes embarquées, et les dispositions générales propres à en assurer la salubrité, l'installation des couchettes, lavabos et autres détails afférents à ces locaux, les mesures de propreté et d'entretien qui y seront observées et les aménagements nécessaires à la bonne conservation des vivres et des boissons ;

. . . .

« 6° le détail du matériel médical et pharmaceutique, établi d'après la durée de navigation et le chiffre du personnel embarqué ;

. . . .

« 8° les règles générales d'après lesquelles sera calculé, pour les navires à passagers, le nombre maximum de ceux-ci ;

« 9° les règles d'après lesquelles il pourra être exigé un médecin à bord des navires de commerce ;

« 10° les détails relatifs au fonctionnement de la commission supérieure et à la procédure à suivre pour les appels, avis, enquêtes et expertises ;

« 11° les conditions dans lesquelles la présente loi et les règlements d'administration publique rendus pour assurer son exécution seront portés à la connaissance des intéressés.

« Les prescriptions de ce règlement d'administration publique qui entraîneraient des modifications notables d'aménagement, d'installation ou de construction ne seront pas applicables aux navires en service au moment de la mise en vigueur de la loi.

« Art. 54. — Un règlement d'administration publique, rendu sur la proposition du ministre de la marine et du ministre du commerce et de l'industrie, après avis du conseil supérieur de la navigation maritime, déterminera :

« 1° celles des prescriptions qui ne seront pas applicables ou qui ne seront applicables que sous certaines réserves aux navires en service au moment de la mise en vigueur de la présente loi ;

« 2° . . . . » ;

Vu les règles et tables dites de « franc bord » dressées par la société de classification reconnue du « bureau Veritas » ;

Vu l'avis du conseil supérieur de la navigation maritime ;

Le Conseil d'État entendu,

Décrète :

Chapitre Ier. — Renseignements, dessins et plans que doit contenir toute demande de permis de navigation

Article premier. — La demande formée par le propriétaire d'un navire de plus de 25 tonneaux de jauge brute, en vue d'obtenir le permis de navigation visé par l'article premier dé la loi du 17 avril 1907, indique, indépendamment des mentions prescrites à l'article 10 de ladite loi :

1° le nom du constructeur du navire, le lieu de construction et la date de la mise à l'eau ;

2° le nombre maximum d'hommes d'équipage (pont, machine, service général) auxquels peuvent être affectés les locaux du bord ;

3° la cote que possède le navire sur le registre d'une société de classification reconnue, si le propriétaire désire bénéficier des dispositions prévues en faveur des navires cotés.

. . . .

Art. 2. — A la demande sont jointes les pièces suivantes :

1° un plan d'ensemble du navire, figurant les cales, les soutes, les aménagements affectés à l'équipage et aux passagers, un plan ou croquis donnant l'emplacement et la disposition des cloisons étanches et indiquant, en particulier, le système d'épuisement des divers compartiments et les portes étanches. Pour les navires construits à l'étranger, il peut être suppléé à l'absence de plan par une description détaillée des aménagements du navire ;

2° des documents établissant que le tirant d'eau maximum a été déterminé conformément aux indications de l'article 113 du présent décret.

Lorsque le propriétaire désire bénéficier des dispositions prévues par la loi en faveur des navires cotés au registre d'une société de classification reconnue par le ministre de la marine conformément à l'article premier de la loi du 17 avril 1907, il produit un certificat de classification délivré par ladite société et constatant :

a) que le navire possède la première cote définie dans l'arrêté ministériel admettant la société au bénéfice des dispositions de la loi du 17 avril 1907 ;

b) s'il y a lieu, que le registre de ladite société mentionne que le navire possède la marque spéciale de cloisonnement indiquant qu'il est subdivisé en un nombre de compartiments lui permettant de flotter avec l'un quelconque de ces compartiments envahi par l'eau ;

c) s'il s'agit d'un navire acquis à l'étranger, qu'il satisfait aux conditions exigées pour l'attribution de la première cote.

. . . .

Art. 3. — A l'appui des demandes de permis de navigation formulées dans les cas prévus à l'article 5 de la loi du 17 avril 1907, le propriétaire du navire fait connaître :

1° les points sur lesquels se trouvent modifiées les indications qu'il a fournies à l'appui des demandes précédentes de permis de navigation ;

2° la date à laquelle il désire soumettre son navire à la visite ;

3° la date de la dernière visite annuelle ;

4° la date de la dernière visite en cale sèche ;

5° la date de la mise en service des chaudières principales et auxiliaires, ainsi que celle de la dernière épreuve hydraulique.

Si le délai réglementaire pour la visite en cale sèche n'expire pas en même temps que le délai réglementaire pour la visite annuelle, le propriétaire fait connaître, en outre, s'il désire soumettre la carène à l'examen de la commission de visite instituée par l'article 6 de la loi.

Lorsque le navire est coté au registre d'une société de classification reconnue, le propriétaire joint à la demande un document extrait dudit registre et établissant que le navire possède toujours la première cote.

Le propriétaire qui réclame une visite extraordinaire à la suite d'avaries graves ou de notables changements dans la construction ou les aménagements du navire précise, dans sa demande, les circonstances de l'accident et donne le détail des réparations ou transformations exécutées.

Il indique la date à laquelle il désire soumettre son navire à la commission pour constatation de la bonne exécution des travaux de réparation ou de transformation.

Si le navire est coté au registre d'une société de classification reconnue, le propriétaire produit un certificat émanant de ladite société et constatant que les travaux ont été exécutés sous le contrôle de la société, de façon à justifier le maintien de la première cote.

ART. 4. — La demande de permis de navigation formée par le propriétaire d'un navire étranger embarquant des passagers dans un port français doit, lorsque le navire ne bénéficie pas de la dispense prévue aux articles 3 et 5 de la loi du 17 avril 1907, contenir les renseignements et documents énumérés aux articles 1 à 3 ci-dessus.

CHAPITRE II. — PRESCRIPTIONS RELATIVES A L'HYGIÈNE ET A LA SALUBRITÉ

Section 1. — Locaux affectés au personnel du bord et aux passagers.

ART. 5. — Les locaux affectés au personnel doivent représenter au minimum, en dehors des bouteilles et poulaines, un cube d'air de 3 mc. 500 et une surface horizontale de 1 mq. 50 par personne. Pour le calcul du volume d'air ne sont pas déduits les lits, les objets de couchage, les tables et les sièges.

Les locaux affectés spécialement au couchage doivent représenter, au minimum, un volume de 2 mc. 150 et une surface horizontale de 1 mq. 15 par personne.

L'indication du nombre maximum d'hommes qui peuvent être logés dans chaque compartiment réservé au couchage est marquée en creux sur la porte ou sur l'écoutille dudit compartiment.

ART. 6. — La hauteur des locaux affectés à l'équipage, mesurée de la face supérieure des barrots du pont formant plancher à la face supérieure des barrots du pont formant plafond, ne peut pas être inférieure à 1 m. 83.

ART. 7. — Dans les locaux affectés au personnel, les ponts formant plancher et plafond, ainsi que les parois, doivent être étanches.

Si le pont formant plancher des locaux réservés au couchage est en bois ou recouvert de bois, ses coutures doivent être calfatées ; s'il est en tôle, il doit être recouvert d'un enduit ou d'une substance mauvaise conductrice de la chaleur et d'un entretien facile.

Lorsque le plafond des locaux réservés au couchage est formé par un pont découvert en tôle, la surface extérieure de ce pont doit être recouverte d'un bordé en bois. La face inférieure des ponts en tôle, découverts ou non, ne doit être recouverte d'aucun soufflage, à moins qu'il ne soit appliqué directement sur la tôle.

Les parois de tous les locaux affectés au personnel du bord sont recouvertes d'une peinture de couleur claire ou d'un enduit lavable.

Sur les navires à coque métallique, les parois latérales des locaux réservés au couchage ne doivent pas être vaigrées ; mais un garnissage en bois de 40 centimètres de hauteur doit être placé, par le travers de chaque couchette, contre le bordé extérieur et contre toute cloison métallique.

Les écubiers des chaînes d'ancre ne peuvent déboucher dans les compartiments réservés au couchage du personnel qui ne doivent contenir ni guindeau, ni cabestan, ni aucun appareil analogue.

ART. 8. — Les écoutilles des compartiments situés au-dessous des locaux affectés au personnel du bord sont munies de fermetures hermétiques.

Les locaux affectés au logement de l'équipage sont séparés par des cloisons ou par des ponts étanches ou dûment calfatés, des locaux destinés à recevoir les marchandises, les approvisionnements et le matériel du bord, ainsi que des cuisines, lampisteries, magasins à peinture, water-closets et parcs à bestiaux.

Aucun tuyautage de vapeur, à l'exception de celui des appareils de chauffage et de celui du guindeau, ne peut passer dans les locaux affectés à l'équipage. Lorsque le tuyautage du guindeau passe dans ces locaux, il doit être spécialement protégé.

ART. 9. — Des penderies spéciales, situées en dehors du poste de couchage, sont destinées à recevoir séparément les vêtements de travail des hommes de pont et ceux du personnel des machines.

ART. 10. — Les postes d'équipage sont garnis d'armoires ou de caissons en nombre égal au nombre maximum d'hommes d'équipage pouvant être logés dans le poste.

Ils sont munis de sièges et de tables pouvant donner place aux deux tiers de l'effectif pour lequel il a été prévu des postes de couchage.

Chaque homme d'équipage doit avoir à son usage exclusif, soit un hamac, soit une couchette.

Des locaux séparés, ayant leurs accès distincts, sont réservés au groupe d'hommes de l'équipage d'origine africaine ou asiatique. Ils contiennent les moyens de couchage en usage dans les pays d'origine de cette partie de l'équipage et représentent un volume d'air minimum de 2 mc. 150 par homme.

Les hamacs, lorsque ce mode de couchage est employé, doivent être accrochés à une distance de un mètre au moins, soit des cloisons, soit les uns des autres.

Les conduites ont au minimum 1 m. 83 de longueur sur 60 centimètres de largeur.

Il ne peut y avoir, en aucun cas, plus de deux couchettes superposées. Les couchettes sans accès indépendant sont interdites.

Lorsqu'il est fait usage de couchettes superposées, le fond de la couchette inférieure doit être au moins à 30 centimètres au-dessus du sol et le fond de la couchette supérieure à mi-distance entre le fond de la couchette inférieure et le pont.

Aucune couchette ne peut être placée au-dessous des manches à air, ni au-dessous des bittes, lorsque celles-ci sont fixées directement sur un pont en tôle.

ART. 11. — Les locaux réservés à l'équipage sont pourvus, si l'époque de l'année ou les zones maritimes traversées le comportent, d'appareils de chauffage, qui ne peuvent, en aucun cas, être à combustion lente.

Lorsque les poêles sont placés sur un pont en bois, celui-ci doit être protégé par une plaque métallique.

Les poêles et cheminées sont entourés d'un grillage métallique démontable.

S'ils ont une clef d'obturation, celle-ci est pourvue d'un cran d'arrêt empêchant la fermeture complète.

ART. 12. — Les différents locaux sont éclairés de jour par des hublots latéraux ou des verres prismatiques de pont, par des sabords ou des claires-voies. L'éclairage de nuit est assuré au moyen d'un nombre suffisant d'appareils d'éclairage fixes.

Lorsqu'il est possible de le faire sans danger, il est établi sur chaque bord un nombre de hublots en rapport avec les dimensions des compartiments qu'ils éclairent.

ART. 13. — Tous les locaux distincts affectés à l'habitation de l'équipage sont pourvus de deux manches à air au moins placées aux deux extrémités du compartiment et destinées, l'une à aspirer l'air frais, l'autre à évacuer l'air vicié.

Les manches à air comportent une partie fixe et une partie mobile et amovible terminée par un pavillon.

La partie fixe des manches à air doit s'élever au-dessus du pont supérieur à une hauteur minimum de 60 centimètres; le pavillon doit s'élever au-dessus des pavois et au-dessus des superstructures placées dans le voisinage et susceptibles de gêner le fonctionnement des manches.

Les claires-voies des locaux affectés à l'équipage sont, à moins d'impossibilité, disposées de manière à s'ouvrir.

Dans ce cas, et à condition que la hauteur de leur hiloire au-dessus du pont soit au moins égale à 60 centimètres, elles peuvent remplacer la manche à air d'évacuation ci-dessus prévue.

La manche à air d'évacuation peut également être remplacée par un ou plusieurs champignons; mais en cas d'adoption de ce dispositif pour les postes situés sous le pont supérieur, la hauteur de l'orifice des champignons doit être au moins égale à celle des pavois; elle doit être de 60 centimètres, s'il n'existe pas de pavois. Sur les dunettes, gaillards et roufs, cette hauteur et celle des entourages des claires-voies peuvent être réduites de 30 centimètres.

Les cabines et locaux divers affectés aux officiers ou au personnel du bord sont munis, toutes les fois que la chose est possible, d'un dispositif d'évacuation de l'air vicié.

Il en est de même des bouteilles, poulaines et lavabos.

ART. 14. — Il est disposé, dans deux angles du poste d'équipage, deux dalots ou conduits servant à l'écoulement des eaux sur le pont ou dans la cale.

Ces ouvertures doivent être munies d'un système de fermeture hermétique.

ART. 15. — Les cuisines et le four de la boulangerie sont placés sur le pont supérieur, dans les superstructures ou, en cas d'impossibilité, dans un entrepont supérieur.

La ventilation des cuisines est assurée par des manches à air ou par tout autre dispositif convenable.

Lorsque le plancher des cuisines est en bois, il doit être protégé par une plaque métallique. Les cloisons en bois dans le voisinage des fourneaux sont protégés de la même façon.

ART. 16. — Les bouteilles et poulaines sont placées dans les parties supérieures du navire; elles sont construites et disposées de façon à éviter les mauvaises odeurs.

Sur les navires à coque métallique, le sol des poulaines est formé d'un revêtement imperméable ou d'un revêtement jointif se prêtant facilement au lavage ; des dispositions sont prises pour que les poulaines puissent être nettoyées à grande eau ; leurs cloisons en tôle ne peuvent pas être recouvertes de bois ; elles sont munies d'appuis convenablement disposés.

Les bouteilles sont pourvues de chasses d'eau abondantes.

Sur tout navire, il est exigé au moins une bouteille ou une poulaine.

Lorsque le personnel du bord comprend 10 personnes ou davantage, mais est inférieur à 25 personnes, il doit y avoir au moins une bouteille et une poulaine.

Lorsque le personnel du bord comprend de 25 à 40 personnes, il doit y avoir 3 places dans la poulaine. Au-dessus de ce chiffre, il est prévu une place en plus par 40 ou fraction de 40 personnes.

Art. 17. — Lorsque le personnel de la machine comprend plus de dix hommes, indépendamment des officiers, un local spécial, pourvu d'un robinet distributeur d'eau douce, est affecté aux soins de propreté de ce personnel.

Ce local, qui est placé autant que possible au-dessus de la ligne de flottaison et au voisinage des chaufferies, doit être de dimensions telles que toute une bordée de quart puisse en faire usage simultanément.

Des locaux analogues sont affectés sur les navires à vapeur aux soins de propreté du personnel du pont et des agents de service lorsque l'effectif de chacune de ces deux catégories dépasse 15.

Lorsqu'il existe des robinets d'eau chaude à l'usage de tous les passagers, il en est également installé dans les locaux prévus aux précédents paragraphes.

Des dispositions sont prises pour qu'il puisse être distribué une fois par semaine pour le lavage du linge 10 litres d'eau douce par homme.

Il est délivré à chaque homme du personnel des machines, après les changements de quart, 10 litres d'eau douce.

Art. 18. — Les couchettes et hamacs sont garnis par l'armement ou le personnel, suivant les usages et les contrats d'engagement. d'objets de couchage qui comportent, dans tous les cas, un matelas et deux couvertures.

Les objets de couchage fournis par l'armement sont désinfectés une fois par an, au moins. Le varech des matelas est renouvelé chaque année où lorsqu'une maladie s'est déclarée à bord.

Les objets de couchage individuel apportés par le personnel ne sont introduits à bord qu'après avoir été passés à l'étuve.

Art. 19. — Les locaux affectés au logement de l'équipage sont nettoyés à fond après chaque voyage au long cours ou tous les mois pour les autres navigations. Ils sont désinfectés ou repeints lorsqu'il s'est produit à bord une maladie suspecte ou une affection contagieuse.

Art. 20. — Les dispositions précédente sont applicables aux navires de pêche sous réserve des atténuations ci-dessous indiquées.

Les locaux affectés au couchage doivent représenter un volume d'air d'au moins 2 mc. 150.

La hauteur de planche à planche ne doit pas être inférieure à 1 m. 83.

Si le pont formant plafond est en tôle, il doit être recouvert d'un bordé en bois. Le pont formant plancher est en bois ou recouvert d'une substance isolante. Les parois et meubles sont recouverts d'une peinture ou enduit lavable.

L'éclairage de jour est assuré par des hublots de côté ou des verres prismatiques dans le pont ou par des claires-voies. Lorsqu'il est possible de le faire sans danger, il est établi sur chaque bord un nombre de hublots en rapport avec les dimensions des compartiments qu'ils éclairent. L'éclairage de nuit est assuré au moyen d'appareils fixes.

L'échelle de descente et le capot doivent être d'un accès facile; le capot doit pouvoir être fermé hermétiquement pour empêcher l'eau de tomber dans le poste.

Un espace est réservé en dehors du poste pour recevoir les effets cirés. Il est choisi de telle façon qu'on puisse y déposer ces effets avant de pénétrer dans le poste et gagner ensuite ce dernier sans cesser d'être à l'abri.

Un moyen de chauffage est fourni pour chaque logement. Quand il y est installé un fourneau de cuisine, une ouverture spéciale est pratiquée pour dégager le produit de la combustion. Le cube d'air doit en ce cas être augmenté de 0 mc. 100 par chaque homme.

Une manche à air avec pavillon est placée en un endroit convenable pour introduire l'air frais. L'évacuation de l'air vicié est assurée par une autre manche, des champignons, cols de cygnes ou tout autre moyen efficace.

ART. 21. — Sur tous les navires de pêche il est exigé au moins une poulaine qui doit être installée de telle façon qu'elle puisse être boulonnée, tantôt à l'avant, tantôt à l'arrière selon les nécessités de la pêche. Elle doit contenir deux places lorsque le personnel comprend de 30 à 40 hommes, et trois places lorsqu'il comprend plus de 40 hommes. Les poulaines sont couvertes et munies d'appuis solides.

Il n'est jamais exigé de bouteille.

ART. 22. — Les prescriptions des articles 5 à 15 s'appliquent aux navires de plaisance ayant plus de 350 tonneaux; elles sont remplacées, pour les navires qui ont moins de 350 tonneaux, par les dispositions suivantes :

Les locaux affectés au couchage de l'équipage doivent avoir un volume d'air d'au moins 2 mc. 150 par homme.

» Si le pont formant plafond est en tôle, il doit être recouvert d'un bordé en bois. Le pont formant plancher doit être en bois ou recouvert d'une substance isolante. Les parois et meubles sont recouverts d'une peinture ou enduit lavable.

L'éclairage est assuré par des hublots de côté ou des verres prismatiques dans le pont, ou par des claires-voies.

L'échelle de descente et le capot doivent être d'un accès facile; le capot doit pouvoir être fermé hermétiquement pour empêcher l'eau de tomber dans le poste.

Une manche à air avec pavillon est placée en un endroit convenable pour introduire l'air frais. L'évacuation de l'air vicié est assurée par une autre manche, ou par des champignons, cols de cygnes ou tout autre moyen efficace.

ART. 23. — Sur tous les navires, de quelque nature qu'ils soient, les cabines doivent représenter un volume d'air au moins égal à 3 mc. 500 par personne. Pour le calcul de ce volume d'air, les lits, les objets de literie, les tables et les sièges ne sont pas déduits.

ART. 24. — Sur aucun navire, les passagers d'entrepont ne doivent être logés dans un entrepont inférieur à celui qui est situé immédiatement au-dessous de la ligne de flottaison en charge.

Les locaux affectés habituellement ou temporairement au couchage des passagers d'entrepont sont séparés des compartiments voisins par des cloisons.

Dans tout local destiné au couchage des passagers d'entrepont, le nombre maximum de personnes pouvant y être admises est affiché d'une façon apparente.

ART. 25. — Les couchettes ont au minimum 1 m. 83 de longueur sur 56 centimètres de largeur.

Le fond des couchettes inférieures doit être au moins de 15 centimètres au-dessus du sol et le fond des couchettes supérieures à 70 centimètres au moins du fond des couchettes de la rangée inférieure.

Sur les navires de pêche transportant des passagers, les couchettes peuvent être remplacées par des hamacs.

Les entreponts affectés au logement des passagers sont pourvus d'échelles ayant une largeur minimum de 80 centimètres.

Le nombre des panneaux et celui des échelles sont déterminés comme suit, en raison du nombre de passagers auquel est affecté l'entrepont :

Au-dessous de 50 passagers : un panneau. — Une échelle.

De 50 à 149 passagers : un panneau. — Deux échelles.

De 150 à 199 passagers : un panneau. — Trois échelles.

A partir de 200 passagers : deux panneaux. — Quatre échelles.

Ou un grand panneau muni de quatre échelles.

Les compartiments affectés aux passagers d'entrepont ainsi que les accès et dépendances doivent être convenablement éclairés pendant le jour. L'éclairage de nuit doit être assuré par des appareils fixes.

Les dispositions prévues pour l'aération doivent être telles que celle-ci soit assurée dans toutes les circonstances.

Art. 26. — Les lieux d'aisances destinés aux passagers sont placés dans les parties supérieures du navire; ils sont abrités contre les intempéries et contre la mer et munis d'appuis convenablement disposés.

Des cabinets distincts sont réservés aux femmes. Ceux qui sont affectés aux hommes sont pourvus d'urinoirs.

Les cabinets des hommes comme ceux des femmes peuvent comporter un collecteur commun et plusieurs places. Dans ce dernier cas, les places sont séparées les unes des autres par des cloisons en tôle ayant une hauteur au moins égale à un mètre.

Un écran, autant que possible en tôle, est placé devant chaque compartiment.

Le nombre minimum de places est de deux, si le navire ne transporte pas plus de 100 passagers. Au-dessus de 100 passagers, il est exigé une place supplémentaire par 75 passagers en plus.

Un chasse d'eau en état continu de fonctionnement est établie dans tous les lieux d'aisances.

Art. 27. — Sur tout navire destiné à transporter des passagers de pont pour des voyages comportant des traversées dont la durée normale de port à port dépasse quarante-huit heures, un local spécial est affecté aux soins de propreté de ces passagers.

Art. 28. — Il est tenu sur chaque navire un registre destiné à recevoir les réclamations des passagers qui auraient des plaintes et observations à formuler. Le capitaine peut également y consigner les observations qu'il jugerait utile ainsi que les faits qu'il lui paraîtrait important de faire attester par les passagers.

Ce registre, coté et paraphé par l'administration de l'inscription maritime, doit être communiqué à toute réquisition aux autorités et commissions chargées de la surveillance du navire.

Art. 29. — Sur tout navire destiné à effectuer des traversées de plus de quarante-huit heures et devant embarquer plus de 100 personnes, y compris le personnel du bord, il doit être installé un hôpital.

Cet hôpital est placé dans un endroit convenablement éclairé et aéré, soit sur le pont, soit dans le premier entrepont; il est isolé le plus complètement possible des locaux occupés par l'équipage et par les passagers.

L'hôpital est divisé en deux compartiments affectés, l'un aux hommes, l'autre aux femmes. Il est exigé un lit par 40 personnes embarquées, jusqu'à concurrence de 200 personnes. A partir de ce chiffre, il est prévu un lit par 60 personnes en plus.

A l'hôpital sont annexés : 1° une pharmacie, pouvant servir de salle d'opérations et ayant des dimensions suffisantes pour recevoir un lit articulé du modèle ordinaire et pour permettre la circulation autour de ce lit; 2° une salle de bains; 3° des lieux d'aisances; 4° une chambre d'isolement comprenant le quart des lits d'hôpital imposés par le paragraphe 3 du présent article.

Le cube d'air des hôpitaux doit représenter au minimum 4 mètres cubes pour chaque personne pouvant y prendre place. La hauteur sous plafond ne peut pas être inférieure à 1 m. 83.

Les couchettes doivent être en métal peint, verni ou galvanisé; elles doivent avoir au minimum, 1 m. 83 de longueur et 60 centimètres de largeur intérieure et être disposées de telle sorte que leur plus grande dimension soit placée en bordure d'un passage ayant une largeur au moins égale à 1 mètre.

Tant dans l'hôpital que dans les entreponts, quelques lits ayant une largeur de 80 centimètres sont réservés aux femmes enceintes ou en couches.

Il peut n'être dressé que la moitié des couchettes de l'hôpital. En aucun cas, elles ne peuvent être superposées.

Section II. — Aménagements nécessaires à la conservation des vivres et des boissons.

Art. 30. — Les cambuses affectées à la garde et à la conservation des approvisionnements sont exclusivement réservées à cet usage. Elles sont isolées des locaux habités et fermées à clef. Toutefois, sur les navires de pêche, les armoires servant de cambuses peuvent ouvrir sur les locaux habités par le capitaine. Aucun tuyau de vapeur ne doit passer par les cambuses.

Lorsqu'il est percé des ouvertures dans les parois verticales de ces compartiments, elles sont garnies de châssis en toile métallique.

Les cambuses sont pourvues d'armoires et d'étagères en quantité suffisante, surélevées au-dessus du parquet, de façon à permettre le nettoyage de celui-ci.

Les soutes où le vin est conservé sont aérées et d'une température aussi peu élevée que possible.

Art. 31. — Les navires doivent être approvisionnés d'eau potable.

Les récipients à eau douce, généralement connus sous le nom de caisses à eau et de charniers, ne peuvent pas être en bois. Cette disposition ne s'applique pas, toutefois, aux barils de galère des embarcations. Elle ne s'applique pas non plus aux navires de pêche opérant avec salaison à bord qui sont autorisés à embarquer l'eau potable dans des barriques neuves ayant subi le traitement nécessaire pour assurer une bonne conservation de l'eau.

Les récipients à eau douce sont revêtus à l'intérieur d'un enduit, ciment ou autre, d'épaisseur convenable.

Ils sont munis d'un tuyau d'air, disposé de façon à ne pas permettre l'introduction de corps étrangers, d'un bouchon de vidange et d'une ouverture assez large pour qu'un homme puisse s'y introduire en vue de leur nettoyage et de leur visite. Cette ouverture est disposée de façon à pouvoir être hermétiquement fermée dans l'intervalle des visites.

Les caisses à eau douce sont placées, autant que possible, dans la cale et surélevées au-dessus du vaigrage.

Elles sont munies d'un tuyau de sonde. Une sonde spéciale est placée au voisinage dudit tuyau.

Une pompe reliée à un tuyautage spécial est exclusivement affectée à la manutention de l'eau des caisses à eau d'alimentation.

Les joints des tuyaux et des caisses ne sont jamais faits avec des composés du plomb.

L'équipage doit disposer, pour son usage exclusif, de récipients de dimensions convenables. Sur les navires à vapeur, un charnier est réservé au personnel du pont et un autre au personnel de la machine; ils sont placés au voisinage des postes.

Les récipients sont nettoyés à fond au moins tous les trois mois ou à la suite de l'apparition d'une épidémie attribuable à l'eau du bord.

Art. 32. — Les navires à vapeur et les navires à voiles pourvus d'une chaudière, qui sont armés au long cours, et dont l'effectif, équipage et passagers, dépasse 30 personnes, doivent être munis d'un appareil à distiller l'eau de mer.

. . . .

Chapitre IV

. . . .

Art. 67. — . . . .

E. — Plans dont doit être muni tout navire

VOILIERS	VAPEURS
Plan du gouvernail et étambot.	Plan du gouvernail, étambot et propulseur.
Échelle de charge.	Échelle de charge.
	Coupe au maître.
Coupe au maître.	Plan général d'aménagement.
	Plan des chaudières et des soupapes.
Plan de voilure.	Plan du ballast et du tuyautage de remplissage, épuisement et tuyaux
Plan général d'aménagement.	de vapeur (deux expéditions).
	Plan des cales et faux-ponts donnant le
Plan des chaudières auxiliaires et des	cubage de chaque compartiment.
soupapes.	Plan de la machine.
Plan du ballast et du tuyautage, s'il	Plan de l'installation électrique et du
y a lieu.	service d'incendie.

. . . .

Chapitre VI. — Matériel médical et pharmaceutique

Art. 104. — Tout navire doit être pourvu du matériel médical et pharmaceutique déterminé par les nomenclatures et tableaux annexés au présent règlement (1).

Art. 105. — Lorsqu'il existe un local affecté à la pharmacie, les médicaments toxiques sont renfermés dans une armoire spéciale fermant à clef, dite « armoire aux poisons ». Si le navire ne comporte pas de pharmacie, les médicaments toxiques sont enfermés dans un coffre spécial ou dans un compartiment du coffre réglementaire distinct et fermant à clef.

Art. 106. — Les appareils, ustensiles et instruments de chirurgie sont disposés dans des armoires ou caisses spéciales distinctes de celles qui contiennent les médicaments.

Les objets de pansement sont également renfermés dans un coffre ou un compartiment à part.

Ces différents coffres doivent toujours être placés dans des locaux facilement accessibles.

Art. 107. — La liste de tous les médicaments, objets ou ustensiles contenus dans un coffre ou une armoire est inscrite sur le fond du couvercle du coffre ou sur la porte de l'armoire.

Sur les navires ne comportant pas de local affecté à la pharmacie, lorsque l'importance du matériel médical et pharmaceutique exige la répartition de ce matériel entre plusieurs caisses, la caisse contenant les médicaments pour l'usage interne, celle dans laquelle sont renfermés les médicaments pour l'usage externe et celle qui est réservée aux objets de pansement sont de couleurs différentes ou portent des signes extérieurs permettant de les reconnaître facilement.

Art. 108. — Les récipients sont munis d'étiquettes indiquant très lisiblement le nom des médicaments qu'ils contiennent.

Les liquides toxiques sont placés dans des fioles ou flacons portant des étiquettes en papier rouge orangé et une bande circulaire en papier de même couleur, de 1 à 3 centimètres de largeur, selon la dimension des récipients, collée sur toute leur circonférence. Ces mêmes fioles sont munies d'une seconde étiquette en papier rouge orangé sur laquelle le mot POISON est imprimé ou écrit en lettres majuscules.

Art. 109. — Les médicaments sensibles à l'action de la lumière sont conservés dans des récipients en verre jaune ou noir et les herbes médicinales dans des bocaux en verre ou dans des boîtes en fer-blanc.

Les médicaments ne peuvent être conservés dans des sacs en papier qu'autant que ces sacs sont renfermés à leur tour dans des récipients en verre ou des boîtes de fer-blanc. Pour les poudres médicamenteuses divisées par paquets, chaque paquet doit être pourvu d'une étiquette lisible indiquant le nom de la substance et son poids, et son usage interne ou externe.

Art. 110. — Les coffres à médicaments, objets de pansement, appareils et instruments de chirurgie, sont visités dans les ports de France, lorsque six mois se sont écoulés depuis la dernière visite.

Cette visite a lieu, soit à bord, soit au bureau de l'inscription maritime, si

---

(1) Cette nomenclature revisée par un décret du 10 avril 1909 a été insérée au *Journal officiel* du 20 avril.

le propriétaire ou son représentant le désire, en présence du capitaine ou de son délégué, et du médecin du navire, s'il y en a un.

Elle est effectuée, sur la réquisition de l'inspecteur de la navigation, par le médecin membre de la commission prévue à l'article 4 de la loi du 17 avril 1907, sous réserve, le cas échéant, de l'application des lois des 1er août 1905 et 25 juin 1908 sur la répression des fraudes.

Une fois visités, les coffres sont scellés et placés dans un local fermant à clef; si les médicaments sont placés dans une pharmacie, ce local doit être fermé à clef.

Tout navire est muni d'une instruction médicale approuvée par le ministre de la marine; s'il y est embarqué un médecin, il doit en outre y avoir à bord un exemplaire du Codex français.

Art. 111. — Tout navire destiné à naviguer au long cours ou à effectuer, au cabotage international ou au grand cabotage national, des traversées d'une durée normale de plus de quarante-huit heures, et devant embarquer plus de 100 personnes, est pourvu d'un appareil à désinfecter autorisé suivant les prescriptions des règlements en vigueur et conforme à un modèle approuvé par le conseil supérieur de santé de la marine.

Il doit être de dimension suffisante pour permettre de désinfecter les objets de literie.

. . . .

Chapitre VIII. — Calcul du nombre maximum de passagers

Art. 116. — Lorsque le service auquel le navire est affecté, suivant la déclaration contenue dans le permis de navigation, comporte des traversées dont la durée normale de port à port dépasse quarante-huit heures, le calcul du nombre maximum de passagers qui peuvent être logés à bord se fait suivant les règles ci-après :

Pour les passagers de cabine, les cabines avec ou sans cabinet de toilette doivent représenter au minimum un volume d'air de 3 mc. 500 par personne.

Pour les passagers d'entrepont, les entreponts supérieurs et les superstructures affectés au logement des passagers doivent représenter, pour chaque passager (non compris les enfants de moins de huit ans) un volume de 2 mc. 750.

Ce volume est porté à 3 mètres cubes pour l'entrepont inférieur.

Les enfants au-dessous d'un an ne sont pas comptés dans le calcul du nombre de passagers et deux enfants de plus d'un an et de moins de huit ans sont comptés pour un passager.

Lorsqu'un hôpital est installé à demeure sur le navire, le nombre de personnes qu'il peut contenir, eu égard au cube d'air, entre dans l'évaluation du nombre total des passagers d'entrepont qui peuvent être admis à bord.

Les passagers de pont doivent disposer d'une surface horizontale de 1 mq. 15 par personne.

Art. 117. — Pour être admis à transporter des marins pêcheurs entre la France et Saint-Pierre et Miquelon ou inversement, les bâtiments pêcheurs ou chasseurs doivent avoir, au moins, 100 tonneaux de jauge brute.

Chapitre IX. — Personnel médical

Art. 118. — Tout navire français, à voiles ou à vapeur, dont l'effectif, équipage et passagers réunis, atteint le chiffre de 100 personnes, et qui fait une traversée dont la durée normale dépasse quarante-huit heures, doit avoir à bord un docteur en médecine.

Il lui est adjoint un second médecin si l'effectif de l'équipage et des passagers réunis atteint le chiffre de 1.200 personnes et si la traversée doit durer plus de sept jours.

Art. 119. — Sur les navires ayant un médecin, lorsque le nombre des personnes embarquées dépasse 300 et lorsque le voyage comporte des traversées de plus de trois jours, ce médecin est toujours assisté d'une personne exclusivement affectée au service médical.

S'il y a plus de 1.200 personnes à bord, il est affecté à ce même service une seconde personne.

Art. 120. — Sur les navires ne comportant pas de médecin, le capitaine, à qui il appartient de donner des soins aux malades, conserve les clés des coffres à médicaments et en est responsable.

Chapitre X. — Fonctionnement de la commission supérieure. Procédure

Art. 121. — Le président de la commission supérieure instituée par l'article 19 de la loi du 17 avril 1907 est nommé par le ministre de la marine.

La commission ne peut délibérer valablement que si la moitié, au moins, des membres sont présents.

Les résolutions de la commission sont prises à la majorité des voix. En cas de partage, la voix du président est prépondérante.

Art. 122. — Les réclamations contre les décisions des commissions instituées en vertu des articles 4, 6 et 8 de la loi du 17 avril 1907 doivent être formées, dans un délai de trois jours francs à partir du jour où l'administrateur de l'inscription maritime aura fait notification par écrit de la décision à l'armateur ou au capitaine. Elles sont motivées et déposées entre les mains de l'administrateur, qui en donne un récépissé détaché d'un registre à souche.

Art. 123. — L'administrateur avise par la voie télégraphique le ministre de la marine de la réclamation et il lui transmet immédiatement la réclamation avec le procès-verbal dressé par la commission dont la décision est attaquée.

Dès la réception de cet avis, le ministre convoque télégraphiquement les membres de la commission supérieure. Celle-ci doit se réunir dans le délai maximum de trois jours francs à compter de la réception de l'avis télégraphique adressé au ministre par l'administrateur, les jours fériés n'étant pas compris dans ce délai.

Le dossier relatif à la réclamation est remis au président de la commission avant la séance pour laquelle la commission est convoquée.

Art. 124. — Informé télégraphiquement par le ministre de la marine de la date et de l'heure de la réunion de la commission supérieure, l'administrateur de l'inscription maritime porte, sans retard, ce renseignement à la connaissance de l'armateur, du propriétaire ou du capitaine qui a formé la réclamation et retiré récépissé de cette communication.

Art. 125. — Lorsque la commission supérieure ne croit pas pouvoir prendre une décision sur le simple examen de la réclamation de l'armateur ou du capitaine et du procès-verbal de la commission locale, elle peut faire procéder à telles enquêtes ou expertises qu'elle juge nécessaires. Les enquêtes peuvent être confiées à un ou plusieurs de ses membres qui se rendent à bord du navire en cause.

La commission ne peut désigner des experts ayant pris part aux opérations des commissions locales qui ont donné lieu à la réclamation.

Le résultat des enquêtes et des expertises est consigné dans des rapports écrits.

ART. 126. — Dans les colonies, la réclamation doit être remise au gouverneur ou au fonctionnaire délégué par lui à cet effet. Il en est délivré récépissé.

Le ministre de la marine est saisi par câblogramme et, après avoir pris l'avis de la commission supérieure, fait connaître sa décision par la même voie.

A l'étranger, la réclamation est remise à l'autorité consulaire et la même procédure qu'au paragraphe précédent est suivie.

ART. 127. — Lorsque l'avis de la commission supérieure est provoqué en vertu de l'article 44 de la loi du 17 avril 1907, il est donné connaissance aux intéressés des actes de négligence ou des manquements dans l'exercice de leurs fonctions qui leur sont reprochés.

Un délai de cinq jours francs leur est imparti pour présenter leur défense soit par écrit, soit en comparaissant personnellement devant la commission supérieure.

CHAPITRE XI. — DISPOSITIONS GÉNÉRALES. — PUBLICITÉ A DONNER A LA LOI ET AUX RÈGLEMENTS D'ADMINISTRATION PUBLIQUE

ART. 128. — Pour les navires de commerce ayant moins de 200 tonneaux, pour les navires de pêche au-dessous de 200 tonneaux, s'ils sont à voiles, et au-dessous de 250 tonneaux, s'ils sont à vapeur ou à propulsion mécanique, pour les navires de plaisance de moins de 200 tonneaux, pour les yachts de course et pour les navires ayant des affectations spéciales, le ministre de la marine peut, sur la proposition de la commission de visite, dispenser partiellement des prescriptions contenues dans les chapitres précédents, à l'exception des chapitres 3 et 7, s'il est reconnu que cette dispense ne peut avoir d'inconvénient.

ART. 129. — Le texte de la loi du 17 avril 1907, ainsi que celui des règlements d'administration publique rendus en exécution de ses prescriptions, doit se trouver à bord des navires de plus de 25 tonneaux, et être communiqué par le capitaine, sur leur demande, aux personnes embarquées.

Il doit également être mis à la disposition des inscrits maritimes, dans tous les quartiers et préposats de l'inscription maritime.

CHAPITRE XII. — DISPOSITIONS TRANSITOIRES

ART. 130. — Les navires de plus de 25 tonneaux de jauge brute en service au moment de la mise en vigueur de la loi du 17 avril 1907, sont soumis aux dispositions suivantes :

1° Renseignements que doit contenir toute demande de permis de navigation.

A l'appui de la première demande de permis périodique de navigation, le propriétaire doit fournir les renseignements énumérés à l'article 3 du présent décret.

2° Prescriptions relatives à l'hygiène et à la salubrité.

Les postes d'équipage sont munis de sièges et de tables pour la moitié de l'effectif pour lequel il a été prévu des postes de couchage.

Sont applicables les dispositions des paragraphes 2, 3 et 4 de l'article 7, des paragraphes 1 et 2 de l'article 8, et les articles 11, 12 et 13 du présent règlement.

Sur les navires à passagers se livrant au long cours, des dispositions doivent être prises pour l'isolement des personnes malades, lorsque plus de 100 personnes sont embarquées simultanément à bord.

Aucune modification n'est apportée aux installations des hôpitaux existant avant la mise en vigueur de la loi en ce qui concerne les dimensions et la disposition des couchettes, des coursives et des locaux annexes desdits hôpitaux.

. . . .

6° Matériel médical et pharmaceutique.

Les coffres à médicaments composés conformément aux nomenclatures antérieures à la mise en vigueur de la loi seront admis pendant dix-huit mois.

. . . .

8° Calcul du nombre maximum de passagers.

Les propriétaires de navires ne sont pas tenus de modifier le nombre maximum de passagers fixé en vertu d'actes antérieurs.

9° Toutes les dispositions contenues dans les chapitres 9, 10 et 11 leur sont applicables.

Art. 131. — Sous réserve des dispositions spéciales aux navires de pêche et de plaisance contenues aux chapitres 1 à 11 du présent règlement et dont peuvent se prévaloir les navires de pêche et de plaisance en service au moment de la mise en vigueur de la loi du 17 avril 1907 ces navires sont soumis aux prescriptions de l'article 130, sous les réserves suivantes :

Pour les navires de pêche, le numéro 2 est remplacé par la disposition suivante :

N° 2. Locaux. — Les parois et meubles sont recouverts d'une peinture ou enduit lavable.

L'éclairage de jour est assuré par des hublots de côté, par des verres prismatiques dans le pont ou par des claires-voies. Lorsqu'ils ne présentent pas de danger, il est établi sur chaque bord un nombre de hublots en rapport avec les dimensions des compartiments qu'ils éclairent.

L'éclairage de nuit est assuré au moyen d'appareils fixes.

L'échelle de descente et le capot doivent être d'un accès facile ; le capot doit pouvoir être fermé hermétiquement pour empêcher l'eau de tomber dans le poste.

Un espace est réservé en dehors du poste ou dans le poste même pour recevoir les effets cirés.

Un moyen de chauffage est fourni pour chaque logement. Quand il y est installé un fourneau de cuisine, une ouverture spéciale est pratiquée pour dégager le produit de la combustion.

Une manche à air avec pavillon est placée en un endroit convenable pour introduire l'air frais. L'évacuation de l'air vicié est assurée par une autre manche, des champignons, cols de cygne ou tout autre moyen efficace.

Pour les navires de plaisance, le numéro 2 est remplacé par la disposition suivante :

N° 2. *Locaux*. — Les parois et les meubles sont recouverts d'une peinture ou d'un enduit lavable.

L'éclairage est assuré par des hublots de côté ou des verres prismatiques dans le pont et par des claires-voies.

L'échelle de descente et le capot doivent être d'un accès facile ; le capot doit pouvoir être fermé hermétiquement pour empêcher l'eau de tomber dans le poste.

ART. 132. — Les navires en construction au moment de la publication du présent décret seront soumis aux prescriptions des chapitres 1 à 11 du présent règlement s'ils ne sont pas mis en service dans un délai maximum de deux ans, à partir de la même date.

ART. 133. — La justification d'un permis de navigation ou d'un certificat reconnu équivalent audit permis ne sera exigée des navires étrangers embarquant des passagers dans un port français que six mois après la mise en vigueur de la loi.

ART. 134. — Le ministre de la marine et du commerce et de l'industrie sont chargés, chacun en ce qui le concerne, de l'exécution du présent décret qui sera publié au *Journal officiel* et inséré au *Bulletin des lois*.

Fait à Rambouillet, le 21 septembre 1908.

A. FALLIÈRES.

Par le Président de la République :

Le ministre de la marine,
Gaston THOMSON.

Le ministre du commerce et de l'industrie,
Jean CRUPPI.

MELUN. IMPRIMERIE ADMINISTRATIVE. — M 550 *B*, n° 35